青少年太空探索科普丛书（第3辑）

探秘天宫课堂

鲍建中　张婷玉　郑　欣　著

乾达文化　绘

U0302240

梦到天宫里，

见长庚星颗，

忽自月边飞至。

—— 出自〔宋〕伍梅城《贺新郎·梦到天宫里》，
我国的载人空间站命名为"天宫"。

知识产权出版社

全国百佳图书出版单位

—北京—

图书在版编目（CIP）数据

探秘天宫课堂 / 鲍建中，张婷玉，郑欣著；乾达文化绘 . — 北京：知识产权出版社，2023.12

（青少年太空探索科普丛书 . 第 3 辑）

ISBN 978-7-5130-9011-7

Ⅰ . ①探… Ⅱ . ①鲍… ②张… ③郑… ④乾… Ⅲ . ①航天站 – 中国 – 青少年读物 Ⅳ . ① V476.1–49

中国国家版本馆 CIP 数据核字（2023）第 238764 号

内容简介

　　本书聚焦中国空间站科普品牌天宫课堂，为读者讲述天宫课堂实验中涉及的微重力、力学、密度、分子张力、光学等知识的原理。讲述中，注重挖掘中国古代相关科技领域的优秀成果，穿插讲述中国航天人的奋进故事，激发读者阅读兴趣。

项目总策划： 徐家春

责 任 编 辑： 徐家春　曹婧文　　　　**执行编辑：** 赵蔚然

版 式 设 计： 索晓青　张国仓　　　　**责任印制：** 孙婷婷

青 少 年 太 空 探 索 科 普 丛 书 （ 第 3 辑 ）
探秘天宫课堂　TANMI TIANGONG KETANG

鲍建中　张婷玉　郑欣　著

出版发行 知识产权出版社 有限责任公司　　　**网　　址：** http://www.ipph.cn

电　　话： 010-82004826　　　　　　　　　　http://www.laichushu.com

社　　址： 北京市海淀区气象路 50 号院　　　**邮　　编：** 100081

责编电话： 010-82000860 转 8573　　　　　**责编邮箱：** 823236309@qq.com

发行电话： 010-82000860 转 8101　　　　　**发行传真：** 010-82000893

印　　刷： 北京中献拓方科技发展有限公司　　**经　　销：** 新华书店、各大网上书店

开　　本： 787mm×1092mm　1/16　　　　　**印　　张：** 10.5

版　　次： 2023 年 12 月第 1 版　　　　　　**印　　次：** 2023 年 12 月第 1 次印刷

字　　数： 140 千字　　　　　　　　　　　**定　　价：** 69.80 元

ISBN 978-7-5130-9011-7

青少年太空探索科普丛书（第3辑）
编辑委员会

总 序

把科学精神写在祖国大地上

习近平总书记指出:"科技创新、科学普及是实现创新发展的两翼,要把科学普及放在与科技创新同等重要的位置。没有全民科学素质普遍提高,就难以建立起宏大的高素质创新大军,难以实现科技成果快速转化。"党的十八大以来,党中央高度重视科技创新、科学普及和科学素质建设,全面谋划科技创新工作,有力推动科普工作长足发展,科普工作的基础性、全局性、战略性地位更加凸显,全民科学素质建设的保障功能更加彰显。

新时代新征程,科普工作要把培育科学精神贯穿培根铸魂、启智增慧全过程,使创新智慧充分释放、创新力量充分涌流,为推动我国加快建设科技强国、实现高水平科技自立自强提供强大的智力支持。

要讲好科学故事

党的十八大以来,党中央坚持把创新作为引领发展的第一动力,我国的科技事业实现历史性变革、取得历史性成就。中国空间站转入应用与发展阶段,"嫦娥"探月,"天问"探火,"羲和"逐日……这些工程在国内外产生了巨大影响。现在,我国经济总量上升到全球第二位,科学技术、文化艺术位居世界前列,正在向第二个百年奋斗目标奋勇前进。

在全面蓬勃发展的大好形势下，加强对青少年的科学知识普及，更好地激发他们热爱祖国、热爱科学、为国家科技腾飞而努力学习的远大理想，是当前的重要任务。科普工作者要紧紧围绕国家大局，用事实说话，用数据说话，讲清楚科技领域的中国方案、中国智慧，为服务经济社会发展、加快科技强国建设提供强大力量。要讲明白我国科技发展的过去、现在和未来。任何科技成就的取得都不是一蹴而就的，中华文明绵延数千年，积累了丰富的科技成果，这是我们宝贵的文化遗产。今天的我们要讲清楚中华文明的"根"与"源"，讲明白"古"与"今"技术进步的一脉相承，讲透彻中国人攀登科学高峰时不屈不挠、团结奉献的品格。

要弘扬科学精神

在中国共产党领导下，我国几代科技工作者通过接续奋斗铸就了"两弹一星"精神、西迁精神、载人航天精神、科学家精神、探月精神、新时代北斗精神等，这些精神共同塑造了中国特色创新生态，成为支撑基础研究发展的不竭动力，助力中华民族实现从站起来到富起来，再到强起来的伟大飞跃。

科学成就的取得需要科学精神的支撑。弘扬科学精神，就是要用科学精神

总　序

感召和鼓舞广大青少年，引导青少年牢固树立为国家科技进步而奋斗的学习观，自觉将个人成长融入祖国和社会的需要之中，在经风雨中壮筋骨，在见世面中长才干，逐渐成长为可以担当民族复兴重任的时代新人。

要培育科学梦想

好奇心是人的天性，是提升创造力的催化剂。只有呵护孩子的好奇心，激发孩子的求知欲望，为孩子播下热爱科学、探索未知的种子，才能引导他们勇于创新、茁壮成长，在未来将梦想变成现实。

科普工作要主动聚焦服务"双减"背景下的中小学素质教育，鼓励青少年主动学习科学知识、积极探究科学奥秘。要遵循青少年身心发展规律和对知识的接受规律，帮助青少年开拓视野，增长知识。更重要的是，要注重传授正确的学习方法，帮助孩子树立正确的科学思维，让孩子在快乐体验中学以致用，获得提高。

我们欣喜地看到，知识产权出版社在科普出版中做了有益尝试，取得了丰硕成果。在出版科普图书的同时，策划、组织、开展了一系列的公益科普讲座、科普赠书等活动，得到广大青少年、老师家长、业内专家、主流媒体的认可。知识产权出版社策划的青少年太空探索系列科普图书，从不同角度为青少年介绍太空知识，内容生动，深入浅出，受到了读者欢迎。

即将出版的"青少年太空探索科普丛书（第3辑）"，在策划、出版过程中呈现出诸多亮点。丛书紧密聚焦我国航天领域的尖端科技，极大提升了中华儿女的民族自豪感；在讲解知识的同时，丛书也非常注重对载人航天精神和科学家精神的弘扬，努力营造学科学、爱科学、用科学的社会氛围；丛书在深入挖掘中华优秀传统文化方面做了有益尝试，用新时代的语言和方式，讲清楚中国人的宇宙观，讲好中国人的飞天梦、航天梦、强国梦，推进中华优秀传统文化创造性转化、创新性发展；同时，丛书充分发挥普及科学知识、传播科学思想、倡导科学方法、弘扬科学精神的作用，努力提升青少年读者的科学素养和全社会的科学文化水平。

　　"航天梦是强国梦的重要组成部分"。当前，我国航天事业发展日新月异，正向着建设航天强国的伟大梦想迈进。"青少年太空探索科普丛书（第3辑）"体现了出版人在加强航天科普教育、普及航天知识、传播航天文化过程中的使命与担当，相信这套丛书必将以其知识性、专业性、趣味性、创新性得到广大读者的喜爱，必将对激发全民尤其是青少年读者崇尚科学、探索未知、敢于创新的热情产生深远影响。

欧阳自远

2023 年 10 月 31 日

出版说明

党的二十大报告指出："全面建设社会主义现代化国家，必须坚持中国特色社会主义文化发展道路，增强文化自信，围绕举旗帜、聚民心、育新人、兴文化、展形象建设社会主义文化强国。"出版工作的本质是文明传播和文化传承，在服务国家经济社会发展，助力文化自信，构建中华民族现代文明进程中肩负基础性作用，使命光荣，责任重大。

知识产权出版社始终坚持社会效益优先，立足精品化出版方向，经过四十多年发展，现已形成多学科、多领域共同发展的格局。在科普出版方面，锻造了一支有情怀、有创造力、有职业精神的年轻出版队伍，在选题策划开发、图书出版、服务社会科普能力建设等方面做出了突出成绩，取得了较好的社会效益。以"青少年太空探索科普丛书"为例，我们在"十二五""十三五""十四五"期间，分别策划了第1辑、第2辑和第3辑，每辑均为10个分册，共计30册，充分展现了不同阶段我国航天事业的辉煌成就，陪伴孩子们健康成长。

"青少年太空探索科普丛书（第3辑）"是我社自主策划选题的一次成功实践。在项目策划之初，我们就明确了定位和要求，要将这套丛书做成展现国家航天成就的"欢乐颂"、编织宇宙奇幻世界的"梦工厂"、陪伴读者快乐成长的"嘉年华"，策划编辑团队要在出版过程中赋予图书家国情怀、科学精神、艺术底色，展现中国特色、世界眼光、青年品格。

本书项目组既是特色策划型，又是编校专家型，同时也是编印宣综合型。在选题、内容、形式等方面体现创新，深入参与书稿创作，一体推动整个项目的质量管理、进度管理、创新管理、法务管理等。

项目体量大、要求高，各项工作细致繁复，在策划、申报、出版各环节，遇到诸多挑战。但所有的困难都成为锻炼我们能力的契机。我们时刻牢记国家出版基金赋予的光荣与梦想，心怀对读者的敬意，以"能力之下，竭尽所能"的忘我精神，以"天下难事，必作于易；天下大事，必作于细"的工匠精神，逐一落实，稳步推进，心中的那道光始终指引我们，排除万难，高歌前行。

　　感谢国家出版基金对本套丛书的资助，感谢中国科学技术馆、哈尔滨工业大学、北京师范大学、深圳市天文台、北京天文馆、郭守敬纪念馆、北京一片星空天文科普促进中心等单位对本套丛书的大力支持，感谢国家天文科学数据中心许允飞等对本套丛书提供的无私帮助，感谢张凤霞老师、王广兴等对本套丛书给予的帮助。

　　希望这套精心策划的丛书能够得到读者的喜爱，我们也将始终不忘初心，继续为担当社会责任、助力文化自信而埋头奋进。

知识产权出版社党委书记、董事长、总编辑　刘　超

2023 年 12 月 4 日

目 录

大漠深处

伫立在茫茫戈壁的胡杨树和绽放在万里大漠的马兰花，是航天精神的最好见证。诞生于艰苦时期的中国航天事业，不仅创造了非凡的业绩，而且铸就了"特别能吃苦、特别能战斗、特别能攻关、特别能奉献"的载人航天精神。一代代追寻者，青丝化白雪；一辈辈科技人，情铸边关恋。如今，中国空间站巍然屹立，寄托着中国人探索宇宙的执着追求，也为中国和平利用太空和开发太空资源打下了坚实基础。

第一章

太空微重力

"凡重，上弗挈，下弗收，旁弗劫，则下直。"这是2 400多年前我国著名的思想家、教育家、科学家、军事家墨子在他的巨著《墨经》中对地球表面物体运动现象的描述，意思是说：凡是重物，上不提，下无支撑，旁无力牵引，就必定竖直下落。这是人类对重力较早的科学认识。

科学研究表明，地球表面附近的物体都会受到地球的吸引，由于地球的吸引而使物体受到的力叫重力。下面我们就进入重力的世界，一起探索重力的奥秘吧。

墨子

1 重力及其变化

体验发现之路：感受重力

重力与我们的生活息息相关，重力会产生哪些作用效果呢？我们先通过下面的小实验体验一下：

（1）将身边的物体向上抛出，观察物体怎样运动。

（2）向上跳起，你的运动又是怎样的？

我们会发现，日常生活中向上抛出的物体，最终会落回地面，这就是重力作用的结果。重力像一双无形的大手，总把想离开地面的物体拉回来。

我们平时说的"质量"和"重力"是一回事吗？"质量"和"重力"不是同一个物理量，物体的质量通常用 m 表示，重力用 G 表示，重力与质量之间的关系是：$G=mg$。其中 g 是一个常数，叫重力加速度，在地球上约为9.8米/秒^2。

当你静止站在地面上时受什么力？如果重力消失了，你会观察到什么现象？

你受到重力作用，但没有向下运动，说明地面还对你施加了向上的支持力。这两个力大小相等、方向相反，又在同一直线上，你才能在地面上保持静止，这就是物理学中所说的"二力平衡"。支持力是怎样产生的呢？由于你受重力从而对地面产生了压力，地面同时对你产生一个反作用力，这个力就是支持力。若重力消失，支持力也会随之消失。

伟人智慧之光：善于思考的牛顿与苹果

英国物理学家艾萨克·牛顿常对大家习以为常的现象进行深入的思考。

据说，一天中午，牛顿正在苹果树下休息。"扑通"一声，一个熟透了的苹果落了下来，正巧落在了他的面前。牛顿低头捡起苹果，陷入思考：把苹果抛向空中时，它为什么不一直向上升，而总要落回地面？会不会存在一种看不见的力量拉住了它，不让它离开地面？带着这些问题，牛顿进行了深入的研究，经过大量的推算与实验，他发现了"万有引力定律"，并在其著作《自然哲学的数学原理》中对其进行了详细阐述。重力正是由于在地面附近的物体受到地球的万有引力而产生的。

■ 善于思考的牛顿

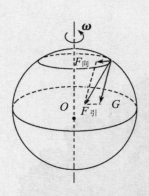

地球对其表面上物体的万有引力分解示意图

根据万有引力定律，自然界中任何两个物体都会互相吸引。同样的道理，地球上的物体与地球之间也存在相互作用的引力。

但由于地球在不停地自转，地球表面的物体为了不被甩出去，需要有一个向心力将其"拉住"，这个向心力就由地球对物体的吸引力来提供，所以，重力只是地球引力的一个分量，一般情况下，重力小于地球对物体的万有引力。

探索发现之旅：破解"青鱼消失"案

物体的重力是恒定不变的吗？有一位远洋商人就遇到了这样的难题。聪明的你来帮他破破案吧。

1911 年 4 月，索马里商人哈桑在荷兰买了 5 000 吨青鱼，运回索马里首都摩加迪沙，一过秤，鱼竟足足少了近 18 吨。哈桑努力回忆当时买鱼的情景，记得自己是看着商人过秤的。运输过程中也不可能有人偷走鱼，那么这 18 吨青鱼到底去哪里了呢？

根据重力的计算公式 $G=mg$，物体所受重力大小不仅与物体的质量有关，还与常数 g 有关，从下表可以发现，随着纬度的降低，g 也在减小。鱼的质量没有发生改变，但从高纬度的荷兰运到低纬度的摩加迪沙时，g 减小，所以，鱼的重力也就减小了。商人在测量鱼的质量时用的是测力计，造成了"青鱼消失"的假象。那么，怎样可以避免这种问题出现呢？对，应选用专门测量物体质量的仪器，如磅秤、杆秤等。

青鱼重力与纬度的关系

地点	纬度	重力加速度 g/（米/秒^2）	5 000 吨青鱼的重力/×10^3 牛
赤道（商人卖鱼处）	00°00′	9.780 4	48 902.0
旧金山	37°48′N	9.799 6	48 998.0
华盛顿	38°53′N	9.801 1	49 005.5
北京	39°54′N	9.801 2	49 006.0
荷兰（商人买鱼处）	50°50′N	9.816 0	49 080.0
北极	90°00′N	9.832 0	49 160.0

我的鱼呢？

■ 困惑的渔商

天宫实验之妙：天地重力环境差异

通过研究，我们已初步了解了地球表面的重力。如果离开地球又是什么情况呢？细心的同学可能已经注意到，航天员在进行太空授课时，航天员老师的头发似乎"很有想法"，始终自然地漂浮着。这是为什么呢？

原来，在太空中，空间站绕地球高速运转，每90分钟就绕地球一圈，空间站中所有物体受到的地球引力几乎都用来提供向心力，防止它们被甩到地球以外，空间站整个系统就像不受重力作用一样，处于"失重"状态，是一个非常好的"微重力"环境。

同学们还会发现，在天宫空间站中的3名航天员面部看起来更加"圆润"了。难道是太空食品太好吃了？当然不是。实际上这是长期处于太空微重力环境下出现的一种特别现象，是由体液均衡作用导致的。长期生活在地球上的人们，身体各个器官内的体液循环都已经适应了重力环境，到了太空中的微重力环境，体液便会均衡分布，就像我们在游乐场乘坐"跳楼机"的感觉一样。在空间站，航天员每时每刻都需要克服微重力给身体带来的各种不适，用顽强的意志一次次高质量完成高难度的航天任务。向伟大的航天人致敬！

伟人智慧之光：牛顿"大炮假说"

我们知道，抛向空中的物体在地球引力作用下会落回地面。有什么办法可以让物体飞出地球呢？

千百年来，人类进行了无数次飞向太空的尝试，都失败了。但是通过大量的事实人们也发现：抛出的初速度越大，物体就会飞出越远的距离。在此基础上，牛顿提出了"大炮假说"：在一座高山上架起一门大炮，只要炮弹的速度足够快，炮弹就可以围绕地球不停地转而不会掉下来。

那炮弹的速度达到多少，炮弹才不会掉下来呢？经过计算，当炮弹以 7.9 千米 / 秒的速度飞行时，它就会绕地球飞行了，不会掉下来了。这个速度被称为第一宇宙速度。这一速度也正是后期人类发射飞行器环绕地球飞行的最小发射速度。

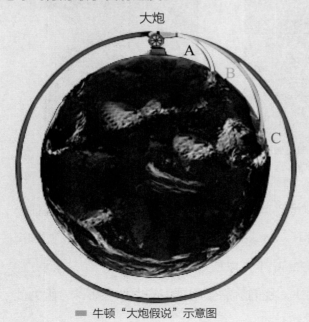

■ 牛顿"大炮假说"示意图

体验发现之路：向心力的大小

"牛顿大炮"发出的"炮弹"没有摆脱地球的吸引，地球的吸引力像一只无形的手拉住它，虽然没有把它拉回地球，但在不断改变它的运动方向，使它环绕地球运动。让我们用下面的小实验体验一下吧。

观察体验

（1）将橡皮泥团成一个小球，然后固定在绳子的一端。

（2）手拉着绳子使橡皮泥绕手旋转起来，加快小球的转动速度，你有什么发现？

■小球初始状态

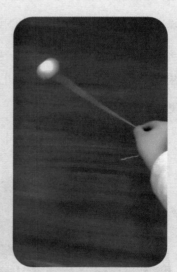
■小球做圆周运动

我们会发现小球运动起来以后，需要绳子提供一个力拉住小球，在这个力的作用下，小球的运动方向不断改变，才做了圆周运动。物理学中把这个力称作向心力。

随着小球转速加快，我们就需要用较大的力拉住小球，因为此时它挣脱绳子束缚的"想法"更加强烈。

　　坐在汽车车厢内的乘客，在汽车转弯时会有被甩出去的感觉，这就是离心现象。此时车厢便会给乘客提供一个指向运动圆周内侧的力，也就是向心力，确保乘客不被甩出。我们可以通过测出向心力的大小，来判断离心效应的大小。

　　那么，向心力的大小能测量出来吗？它又受哪些因素影响呢？我们一起通过实验来探究一下。

实验探究

1. 实验器材

乒乓球、细线、吸管、胶条、橡皮泥。

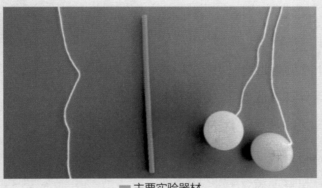

■ 主要实验器材

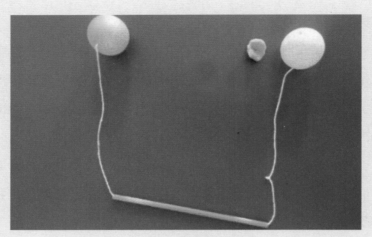

■组装器材

2. 实验步骤

（1）将细线穿过吸管，并将两个乒乓球用胶条分别固定在细线两端，然后取一块橡皮泥粘在其中一个乒乓球上。

■实验现象

（2）将吸管竖起，使粘有橡皮泥的乒乓球在吸管下方，观察两个乒乓球的状态，并记录在表格中。然后，转动手腕，旋转上方小球，观察现象，并把观察到的现象记录在表格中。

（3）加快上方乒乓球的转动速度，观察现象并记录。

（4）在下方的乒乓球上再增加一些橡皮泥，保持上方乒乓球转速不变，观察现象并记录。

■ 实验现象记录表

做法	两个乒乓球静止	使上方乒乓球做圆周运动	加快上方乒乓球的转动速度	增加下方乒乓球的质量（保持上方乒乓球转速不变）
现象				

⚠️安全提醒：

将乒乓球与细线固定牢固，转动时要小心，与他人保持安全距离，避免乒乓球飞出，打到其他人。

3. 原理解释

本实验中，忽略细线与吸管间的摩擦力。通过实验，我们不难发现，上端乒乓球旋转时，下方的乒乓球被拉起，同时下方乒乓球施加的拉力为上方的乒乓球做圆周运动提供了向心力。当上方的乒乓球稳定转动时，其向心力的大小就等于下方乒乓球的重力。并且，上方乒乓球的速度越大，离开旋转圆心的"愿望"越强烈。

科学实验之趣：制作水火箭，放飞航天梦

经过如上探索，我们已了解飞出地球所需的必要条件就是足够快。由于克服空气阻力会消耗大量能量，发射航天器时，运载火箭会先垂直起飞以尽快离开大气层。上升到一定高度后，再变为水平飞行，逐步加速到所需的速度。

读到这里的你想必早已跃跃欲试，希望自己亲手体验一下火箭的发射。下面就让我们通过比试"水火箭"发射的距离，感受"火箭"发射的别样快乐吧。

1. 实验目标

探究影响水火箭发射距离的因素。

2. 实验器材

饮料瓶、适量水、水火箭发射架、水火箭喷射头（瓶盖）、打气筒。

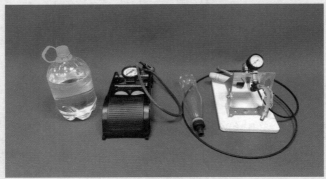

■实验器材

3. 实验步骤

组装器材：在饮料瓶中倒入适量水，将水火箭喷射头固定在瓶口。

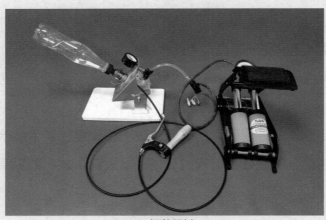

■组装器材

任务一：研究水量对水火箭发射距离的影响。

（1）将水火箭发射架调整到与水平地面一定角度，如 50°。

（2）向饮料瓶中注入约 1/4 的水，将饮料瓶安装在水火箭发射架上并固定好。

（3）把打气筒连接到瓶口位置并固定好，站在水火箭后方，向瓶内打气。

（4）观察气压表为 3 个大气压时，按动手柄发射水火箭，测量水火箭发射距离，并记录在表格中。

（5）改变饮料瓶中的水量，重复上述 4 个步骤，再做几次实验。

■ 实验现象记录表

水的比例				
发射距离 / 米				

任务二：研究发射角度对水火箭发射距离的影响。

（1）向饮料瓶中注入约 1/3 的水，将饮料瓶安装在水火箭发射架上并固定好。

（2）将水火箭发射架调整到 20°。

（3）把打气筒连接到瓶口位置并固定好，站在水火箭后方，向瓶内打气。

（4）观察气压表为 3 个大气压时，按动手柄发射水火箭，测量水火箭发射距离，并记录在表格中。

（5）改变饮料瓶发射的角度，重复上述 4 个步骤，再做几次实验。

■ 实验现象记录表

发射角度 /（°）				
发射距离 / 米				

你认为还有哪些因素会影响水火箭的发射距离？请你仿照上面的实验方法再进行更多的研究。

4. 原理解释

瓶塞与瓶子内部形成一个固定体积的密闭空间。当利用打气筒向其打气时，瓶子内部气压增大。按动手柄打开发射阀门后，在瓶内高压气体的作用下，水会从饮料瓶瓶口喷出。由于力的作用是相互的，水也对瓶内空气和饮料瓶产生一个方向相反的作用力，使水火箭发射出去。这个原理和真实的火箭发射原理是相同的，不同的是，真实的火箭内填装的是液态或固态的燃料，点火后，燃料燃烧释放出大量高温、高压的气体，气体被向后喷出的同时，对火箭产生了向前的强大推动力，从而使火箭升空。

⚠ 安全提醒：

发射水火箭时要在宽阔人少的场地实验，水火箭切不可对着人或物！

实验时可佩戴护目镜，避免水飞溅到眼睛中，做好自我防护。

3

超重与失重

漫步太空的航天员

很久以前，人们就梦想能够腾云驾雾、遨游天空，但由于受到重力的作用，长时间以来这种自由飞翔的状态只存在于神话故事和科幻作品中。随着科学技术的不断进步，人类不仅能够借助飞机等工具在天空中飞行，还能够乘坐宇宙飞船进入太空，真正实现人类漫步太空。进入太空后航天员还受重力作用影响吗？他们为什么会身轻如燕呢？带着这些问题开始我们的探究吧。

体验发现之路：视重与失重、超重

体重是检验人们健康状况的一个重要指标，体重过重的人都希望自己的体重能够减下来，有一个健康的身体。

找一个体重秤，站到体重秤上读出这时候的示数，然后迅速下蹲，下蹲过程中再读一下示数，你有什么发现？

没错，在迅速下蹲过程中你会看到体重秤示数减少。

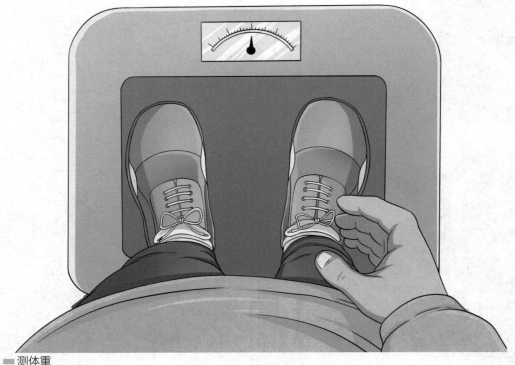

■ 测体重

你的实际体重真的减少了吗？当然没有。因为在你迅速下蹲过程中，你对体重秤的压力减小，所以示数减小，我们把这个示数称为视重。当视重小于实际物重时，就是我们常说的失重。有办法使视重大于你的体重吗？对，你只需要迅速站起，站起的过程中就会看到这种现象，这种现象称为超重。

失重和超重是怎么产生的呢？我们一起通过下面的实验研究一下。

动手实践

1. 实验目标

（1）探究失重与物体运动的关系。

（2）探究超重与物体运动的关系。

2. 实验装置

案秤、物块、电梯。

3. 实验步骤

（1）电梯静止时将重物放在案秤上，读出此时案秤的示数。

（2）启动电梯上升键，电梯由静止状态变为加速上升状态（时间很短），观察此时案秤的示数；电梯匀速上升时，读出案秤示数；按动电梯停止键，在电梯停止前读出案秤示数。

（3）启动电梯下降键，电梯由静止状态变为加速下降状态（时间很短），观察此时案秤的示数；电梯匀速下降时，读出案秤示数；按动电梯停止键，在电梯停止前读出案秤示数。

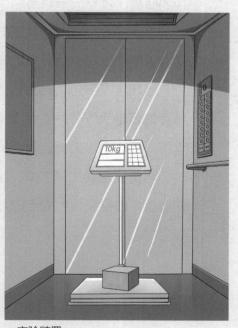

■ 实验装置

■ 实验现象记录表

电梯 运动状态	静止	上升			下降		
		加速	匀速	减速	加速	匀速	减速
视重 / 千克							

方法提示:

(1)规范使用案秤,不要超过案秤的量程。

(2)因电梯加速或减速时间较短,不方便直接读取示数,可用手机录制视频,然后通过慢镜头回放观看。

4. 原理解释

根据实验数据我们不难发现,当电梯静止或者做匀速直线运动时,案秤示数等于物块的质量,这是因为物块随之做同样的运动,处于受力平衡状态:物块受到的重力 G 与支持力 F 平衡,它们的大小相等。

当电梯启动加速上升、减速下降过程,案秤的示数大于物块的质量,即物块受到的支持力 F 大于重力 G,处于超重状态。

■ 物块的受力分析示意图

当电梯启动加速下降、减速上升过程,案秤的示数小于物块的质量,即物块受到的支持力 F 小于重力 G,处于失重状态。

体验发现之路：失重的水

其实物体从高处自由落下时就处于失重状态。装有水的塑料瓶失重时会产生什么现象呢？我们一起试试看。

准备一个装有水的塑料瓶，上端开口，侧壁扎几个小孔，你能看到什么现象？松手后塑料瓶在重力的作用下竖直下落，用手机拍摄塑料瓶的下落过程，然后利用手机的慢放功能，你又观察到什么现象？

我们会看到如下图所示的现象：塑料瓶静止时水会从塑料瓶侧壁的小孔中流出，但是当塑料瓶自由下落时，水不再流出来。这是为什么呢？

原来，装在塑料瓶里的水由于具有流动性，在重力作用下会从塑料瓶的小孔流出；而当塑料瓶自由下落时，物体的重力完全提供了自由下落的加速度，水对塑料瓶侧壁的压力为零，所以水不再从瓶中流出来。

■ 塑料瓶静止

■ 塑料瓶自由下落

思维活动室

我们在游乐场惊险刺激的"跳楼机"上可以体验到失重的感觉。当"跳楼机"加速下降时，我们会感觉自己变"轻"了，这时候你对座椅的压力减小，这时会让人感到不适。而当"跳楼机"加速上升，我们会感到有一股强大的力量死死地压在我们身上，使我们动弹不得！这就是超重的感觉。

咱们的航天员在升空和返回地球时，会比乘坐"跳楼机"的加速度更大，经历的时间更长，尤其是升空时，由于要加速上升，航天员最大会承受近 4g 的过载，但他们凭借刻苦的训练、坚强的意志，一次次往返于天地之间，出色地完成了各项研究任务，为我们国家争得了荣誉，他们是我们的榜样！

■ "跳楼机"

体验发现之路：不会洒的水

在竖直方向上做加速直线运动的物体会产生超重与失重现象，做圆周运动的物体也会产生超重与失重现象吗？

我们通过一个小实验体验一下吧。

准备一个杯子（上端开口），杯子中装入一定量的水，将杯子倒立，你能看到什么现象？由于受重力作用，杯子中的水当然会洒出来。

现在用细线吊住一个硬板的四角，将刚才盛有适量水的杯子放在硬板上，杯子底部与硬板保持固定，用手提着细线的另一端慢慢晃动，使杯子与硬板在竖直面内摆动起来，再慢慢加速用力抡起硬板，使之在竖直面内做圆周运动，观察杯子有没有掉下来，水有没有洒出来。

神奇的现象出现了，做圆周运动的杯子即使口朝下，杯子没有掉下来，水也一点都没有洒出来。这是怎么回事呢？

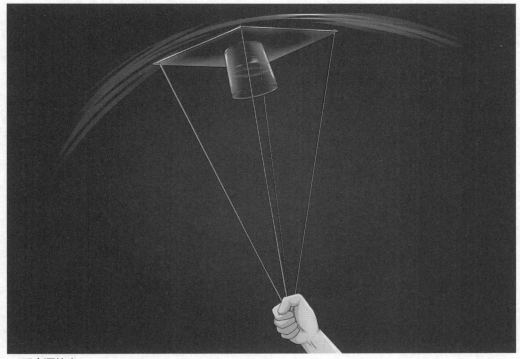

■ 不会洒的水

原来，做圆周运动的物体需要向心力来不断改变它的运动方向。当杯子到达最高点杯口朝下时，水受到的重力用来提供其做圆周运动的向心力，所以好像不受重力一样，处于失重状态。

咱们国家的天宫空间站在绕地球做圆周运动，空间站及其中的航天员都需要地球的引力来提供其做圆周运动的向心力，所以物体之间的相互挤压作用就变成了零，因此在太空处于失重状态。

请同学们思考一下，在空间站还能用天平或者体重秤测量物体的质量吗？

科学探索之旅：太空体重计

由于失重，空间站中的物体不会对天平托盘或体重秤产生压力，也就无法测出它们的质量。可是，体重是衡量航天员身体健康状况的重要指标，空间站中的航天员是怎样测量体重的呢？

为了解决这个问题，聪明的科学家利用牛顿第二运动定律设计了太空体重秤。

测量时，航天员紧紧抱住体重秤支架，由另一位航天员将支架拉出，然后松手，支架在弹力结构产生的弹力作用下便会带着航天员加速运动，这时利用传感器测出弹力（F）和加速度（a）的大小，便可以利用 $m=\dfrac{F}{a}$ 计算出航天员的身体质量了。

钱学森的故事

1950 年，当钱学森准备回国时，美国政府却将其非法拘留。钱学森不但遭到了美国政府迫害，同时也失去了宝贵的自由。当时美国海军次长丹尼·金布尔声称：钱学森无论走到哪里，都抵得上 5 个师的兵力。

1955 年，钱学森通过关系，绕过美国政府层层监视，才艰难地把一封写在香烟纸上的信送到陈叔通手中。收到钱学森的"求救信"后，中国政府一直努力与美国周旋，但是美方始终不松口。经过周恩来总理在与美国外交谈判中的不断努力，甚至不惜释放多名在朝鲜战争中俘获的美军飞行员作为交换，美国政府才最终同意钱学森回国。1955 年 10 月，钱学森终于回到了自己一直想要报效的祖国。

第二章

运动是怎么回事

《尚书纬·考灵曜》书影

　　东汉时代成书的《尚书纬·考灵曜》有这样一段描述："**地常动不止，而人不知，譬如人在大舟中，闭牖而坐，身行不觉也。**"意思是：大地一直在动，人无法感受到，就像坐大船的时候，关上窗户，无法感受到大船的运行一样。这一观点反映了我国劳动人民对运动的认识与思考。

　　在西方科学史上，伽利略曾经对亚里士多德关于运动的观点产生过质疑，"隔空"与亚里士多德进行了"争论"，人们称之为"巨人之争"。

　　人类对运动的研究前后走过了哪些路？取得了哪些成就？有哪些智慧值得我们借鉴与学习呢？让我们一起走进运动的世界。

■ 亚里士多德（公元前 384—公元前 322 ）

古希腊人，哲学家、科学家、教育家，古希腊文化集大成者，西方哲学奠基人之一。

关于物体的运动，古希腊伟大的哲学家、科学家和教育家亚里士多德认为变化就是运动，这里的变化包括：物体的性质变化、位置变化，事物的产生与消灭。我们现在研究的运动主要指物体的空间位置随时间的变化，即机械运动，植物的生长、食物的腐败等不属于我们研究的范畴。

我们知道整个宇宙无时无刻不在运动，处于其中的万物自然也在运动，那么，我们为什么还会说某个物体静止呢？物体处于这种状态的根源是什么呢？

体验发现之路：伽利略封闭船舱

在 1632 年出版的《关于托勒玫和哥白尼两大世界体系的对话》中，作者伽利略详细地叙述了一个封闭船舱内发生的现象。伽利略说道：把你和一些朋友关在一条大船甲板下的主舱里，再让你们带几只苍蝇、蝴蝶和其他小飞虫。舱内放一个大鱼缸，其中放几条

1

物体的运动之源

鱼。然后，挂上一个水瓶，让水一滴一滴地落到下面的鱼缸里，观察船停止不动和匀速运动时，舱内各个物体的运动是否有变化。当船停着不动时，你留神观察：小飞虫向舱内各个方向飞行；鱼向各个方向随便游动；水滴滴进下面的鱼缸中……再使船以任何速度前进，只要运动是匀速的，不忽左忽右地摆动，你将发现，上述所有现象丝毫没有变化，你也无法从其中任何一个现象来确定船是在运动还是停着不动……

伽利略的描述与《尚书纬·考灵曜》的描述如出一辙，值得自豪的是，我国古人对运动的认识至少比西方早了 1 500 多年。

■ 封闭的船舱

人们判断物体是运动的还是静止的，总是先选取某一物体作为参照，这个被选作参照的物体叫作参照物。相对于参照物，物体的位置变化了，我们就说它是运动的；物体的位置没有变化，我们就说它是静止的。

亚里士多德在《物理学》中说道："运动是本来存在的，是在某个时候产生并且还会再灭亡的。"即物体的运动可以分为自然运动和被迫运动，自然运动是不需要力来维持的，如果物体想要有一种连续的运动，也就是受迫运动，就必须有推动者，即运动需要作用力来维持。从公元前 3 世纪到 16 世纪，在这接近 2 000 年的时间里，西方世界的很多思想都受亚里士多德理论体系的影响。然而这套风靡一时的世界观现在被证明几乎都是错误的。

■ 运动的滑板车

体验发现之路：物体运动的维持与改变

物体的运动状态是否需要力来维持呢？生活中我们会有这样的体验，小朋友用力向后蹬地面可以使滑板车运动起来。随后即使不再蹬地面，滑板车也会带着人一起运动一段时间。聪明的你可能会问，为什么滑板车运动了一会儿最终还是停下来了呢？我们不妨找两个一样的篮球来亲自体验一下。

将两个篮球分别放置在草坪和塑胶地面上，然后用一根长木条用相同的力同时推动两个篮球，观察篮球在不同地面上的运动情况。

■ 篮球在不同粗糙程度的地面上的运动

我们可以观察到，在草坪上的篮球运动较短的一段距离就停了下来，而在塑胶地面上的篮球运动的距离较长，说明篮球在两种平面上都受到了阻力作用，不同的地面对篮球施加的阻力大小不同，篮球受到的阻力越小，停止运动所用时间就越长。

思维活动室

同样的道理，运动的滑板车受到向后的阻力作用，所以运动才会越来越慢，最终停止。由此，你会发现物体的运动不仅不需要力来"维持"，力的存在反倒"改变"了物体原有的运动情况。

我们不妨大胆假设一下，如果地面对滑板车没有了阻力，滑板车运动情况会如何呢？

伟人智慧之光：伽利略"运动之源"的推理

伽利略认真研究了亚里士多德的《物理学》等著作后，认为其中很多观点是错误的。他反对屈从亚里士多德的权威，为了让人们清醒地认识到亚里士多德关于"力是维持物体运动的原因"的观点是谬论，他做了历史上著名的斜面实验。

伽利略制作了非常光滑的黄铜球和两个足够光滑的凹槽斜面，将两个斜面的底部连接起来，并可以调节一侧斜面的倾斜角，让小球几乎无摩擦地从固定倾角的斜面相同位置下滑，然后开始了下面的实验：

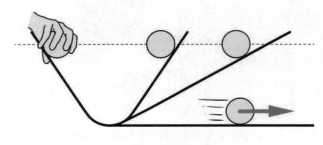

■ 伽利略斜面实验图解

（1）调节双斜面的倾斜角相同，在左侧斜面的某一高度处释放铜球，并标记这一高度，观察铜球的运动情况。

（2）保持左侧斜面倾斜角度不变，将右侧斜面的倾斜角变小，再次从同一位置释放铜球，观察铜球的运动情况。

（3）改变右侧斜面的倾斜角，按照步骤（2）的方法，再做几次实验。

通过实验可以观察到：铜球沿着左侧斜面滑下之后，会冲上右侧的斜面，并且到达了跟铜球释放位置几乎相同的高度后返回。继续减小右侧斜面的倾斜角，观察到铜球到达相同的高度后返回，但随着右侧斜面的倾斜角减小，铜球在右侧斜面上运动的距离越来越长。

根据这一现象，伽利略想：如果将右侧的斜面放平，铜球要想在右侧斜面到达与释放铜球等高的位置，它就应该一直以一定的速度持续运动下去，永远不会停下来。这样，伽利略证实了亚里士多德"力是维持物体运动的原因"的观点是错误的，物体维持运动状态不需要力。之所以铜球会慢慢地停下来，是因为受到斜面和空气阻力的作用。

在实验中我们并没有看到物体保持匀速直线运动的现象，但是这个结论是在对实验证据进行合理推理后得出的，这是科学研究中常用的另一种科学方法——科学推理。

后来，笛卡尔等人对伽利略的研究成果进一步完善，牛顿总结出了运动与力之间的关系：一切物体在没有受到力的作用时，总保持静止状态或者匀速直线运动状态，直到有外力迫使它改变这种状态为止。这就是物理学历史上赫赫有名的牛顿第一运动定律。

在伽利略生活的那个年代，科技水平有限，根本找不到物体不受力的环境。牛顿第一运动定律也只能停留在理论层面。时光流逝，随着科学技术的迅猛发展，现在验证这一科学论断已经易如反掌。

天宫实验之妙：不回头的"冰墩墩"

2022 年 3 月 23 日，我国航天员在天宫课堂上就向全世界展示了这一现象。只见王亚平沿水平方向将"冰墩墩"抛向叶光富，"冰墩墩"沿直线保持匀速飞了出去，直到叶光富接住"冰墩墩"为止，这与牛顿第一运动定律中的描述是一致的。

因为太空微重力环境（这时的地球引力提供了物体绕地球运动的向心力），物体就像不受力一样。在给"冰墩墩"一个初始速度的情况下，"冰墩墩"开始运动，离手后，不受任何力作用（空气阻力可以忽略），所以会做匀速直线运动，既不会下落改变运动方向，也不会改变运动速度的大小。倘若伽利略、牛顿如今尚在，看到太空中的这一实验，或许会激动不已。

■ 空间站抛物实验

在 2013 年 6 月 20 日的我国首次太空授课中，神舟十号乘组在天宫一号空间站表演了一个神奇的现象。只见聂海胜在太空舱内盘腿悬在空中，悠然自得好不快哉。这时王亚平施展了"大力神功"，用食指轻轻推了一下聂海胜，聂海胜便像受到了魔力一样"飘"了出去，险些撞到舱壁上。未来的小航天员，你能解释这是怎么回事吗？

原来，物体在不受力的情况下之所以能够保持静止或者匀速直线运动状态，是由它们自身的性质决定的。**所有物体都有保持原来运动状态的性质，直到有力来改变这种状态，这种性质就是我们常说的惯性。**大家知道空间站中是微重力环境，在那儿的物体几乎处于完全失重状态，聂海胜"悬空打坐"就是在"不受力"的情况下保持了静止；当王亚平推动他时，改变了他的静止状态，他便运动起来；由于聂海胜有惯性，会保持匀速直线运动，所以不撞到舱壁是不会停下来的。这个实验印证了牛顿第一运动定律的正确性。

通过上面的研究，我们发现物体的运动不需要力来维持，力是改变物体运动状态的原因。

■ 空间站上演"大力神功"

传说三国时期，周仓欲与关羽比力气。关羽问周仓是否能把一根稻草扔过河，周仓多次尝试都未成功，并反问关羽。关羽随手将一捆稻草轻易丢过了河，令周仓折服，力大无穷的周仓也就心甘情愿地成了给关羽扛刀的马童。这个故事真的说明关羽臂力比周仓大吗？通过故事中的现象我们可以发现，稻草在力的作用下运动状态发生改变，那么物体运动状态的改变与什么因素有关呢？让我们带着这个问题，开始下面的研究吧。

2

哪个先落地

■ 周仓、关羽比力气

伟人智慧之光：巧妙的思辨

亚里士多德还研究了下落物体的运动情况，他得出结论：重的物体总比轻的物体下落快。他认为：物体下落的快慢与质量成正比，物体质量越大，下落的速度越快。这一观点与"周仓、关羽比力气"中的现象非常吻合，在近2000年的时间内，人们都认为这一结论是正确的，并用它解释了很多现象。其实细细分析，亚里士多德的观点是自相矛盾的，聪明的你发现问题所在了吗？

细心的伽利略运用亚里士多德的观点做了这样的分析：假设有10磅和1磅的两个物体，从同一高度同时释放。根据亚里士多德的观点，10磅的物体质量大，下落速度快；1磅的物体因为比较轻，下落速度慢。若将两个物体绑在一起，10磅的物体会被1磅的物体拖慢，而1磅的物体会被10磅的物体带快，此时速度应该介于10磅与1磅的物体运动的速度之间。但是将二者捆绑在一起质量为11磅，比10磅的物体还要重，速度应该比10磅的物体运动还要快。运用同一个观点分析，却得到了两个互相矛盾的结论，显然亚里士多德的论断是不合逻辑的。这种分析方法就是在科学论证中常用的反证法。

■ 不同质量的两个物体下落速度比较示意图

　　反证法亦称归谬法或逆证法，是间接论证的方法之一，是一种运用对立的方式来证明一个论题的方法。反证法的论证过程如下：首先提出要证明的论题，然后假设对立论题为真，并依据推理规则进行推演，得出一个矛盾的结论，证明对立论题为假，则可证明原论题是真的。

伟人智慧之光：两个铁球同时落地

　　伽利略不仅有"辩论者"的雅号，他还是以实验事实为根据研究科学规律的开创者。据伽利略的学生维维安尼所说，为使更多的人信服亚里士多德的观点是不正确的，1589 年的一天，伽利略同他的辩论对手、教授、哲学家和学生一道来到比萨斜塔。伽利略坚定地登上塔顶，将一个重 10 磅和一个重 1 磅的铁球同时抛下。在众目睽睽之下，两个铁球像排练好一样，并排向地面落下，并且出人意料地几乎同时落到地面上。面对这个无情的实验，在场观看的人个个目瞪口呆、不知所措。难道伟大的亚里士多德真的错了？

思维活动室

　　同学们脑海里也许会思考这样一个问题：将羽毛和铁球从同一高度释放，确实是质量大的铁球先落地啊，难道还另有原因？

　　原来在地球上，下落的物体不仅受到重力的作用，还受到向上空气阻力的作用。对于羽毛而言，受到的空气阻力与其受到重力相差不大，不能忽略。而铁球则不同，下落时，它受到的重力远大于空气对它的阻力，空气阻力几乎可以忽略。于是我们往往会看到羽毛和铁球并不同时落下的现象。而两者都是铁

伽利略比萨斜塔实验

球的情况下，下落几乎不受空气阻力的影响，所以两个质量不等的铁球便会几乎同时落地。

科学实验之趣：影响物体运动状态改变的因素

通过上面的讨论可以发现，由于物体受重力作用，下落时由静止开始运动，速度发生了改变，说明力是可以改变物体的运动状态的。在生活中，我们会遇到这样的现象，在光滑的地面上推动一个行李箱运动，在相同推力下，行李箱越沉，从静止到运动的启动过程越慢。因此，物体运动状态的改变可能与其质量及其受到的力有关。

下面我们就通过两个小实验来研究一下。

动手实践

1. 实验器材

体积相同的木球与橡胶球、吹风机、固定台。

2. 实验步骤

任务一：研究受力对物体运动状态的影响。

（1）将吹风机放在固定台上，再将木球放在吹风机出风口附近，开启吹风机低风挡，观察木球的运动情况，并记录。

■ 力对物体运动状态的影响实验装置

（2）仿照上一步骤，将木球放在与上一步骤相同的起始点，开启吹风机高风挡，观察木球的运动情况，并记录。

■实验现象记录表

风　力	木球启动难易情况（难 / 易）
低风挡	
高风挡	

（3）不难发现，木球在受到较大风力的作用时，更容易运动起来，较小风力不容易使木球运动。

任务二：研究质量对物体运动状态的影响。

（1）将吹风机放在固定台上，再将木球和橡胶球放在距离吹风机出风口相同的位置，开启吹风机，观察两球的运动情况，并记录。

■质量对物体运动状态的影响实验装置

■实验现象记录表

小　球	启动难易情况（难 / 易）
木球（质量小）	
橡胶球（质量大）	

（2）不难发现，在相同的风力作用下，质量较小的木球更容易运动起来，质量较大的橡胶球不容易由静止变成运动。

综合以上的实验可以得出结论：质量越大运动状态越不易改变。同时可以说明，物体的惯性与物体质量有关，质量越大，惯性越大，运动状态越不易改变。

思维活动室

此时我们便可以解释最开始"周仓、关羽比力气"故事中蕴含的道理。周仓投掷一根稻草时，确实很容易使稻草运动起来，但由于一根稻草质量太小，在空气阻力作用下，稻草运动速度就很容易变小，所以掷不远；而一捆稻草质量较大，运动起来后，空气阻力不容易改变其运动状态，所以掷出去的距离自然就远。现在你明白周仓为什么会输给关羽了吗？看来要想获胜不能只靠蛮力，更需要用智慧。

体验发现之路：自由落体运动

在比萨斜塔实验中，两个铁球的质量较大，它们受到的重力远大于空气对它们施加的阻力，运动状态受空气阻力的影响较小，可以看成只受重力作用。**像这样只在重力作用下从静止开始下落的运动叫作自由落体运动**（初速度 $v_0=0$ 米／秒）。我们用手机或相机拍摄小球做自由落体运动的闪频照片，相邻两张照片之间的拍摄时间相等，可以观察到小球之间的距离在变大，说明小球运动速度越来越大，在做加速运动。地球上存在空气，"没有空气阻力"只是一种理想状态，那这样的实验我们就不能完成了吗？

当然不是。找一根玻璃管，在其中放入羽毛和铁片，然后将玻璃管中的空气抽去，再倒置玻璃管，使羽毛和铁片从同一高度开始下落，我们会观察到羽毛和铁片同时落到玻璃管的底部，这便可以证明伽利略的观点是正确的。

■ 自由落体实验

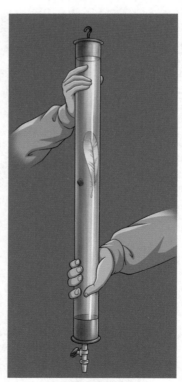

■ 真空管自由落体实验

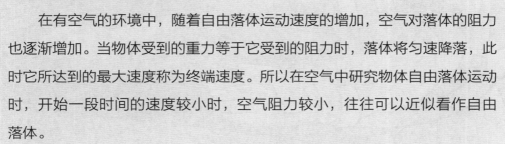

太空加油站： 自由落体运动

　　自由落体运动是一种理想状态下的物理模型，在地球上重力加速度 $g \approx 9.8$ 米/秒^2，做自由落体的物体的瞬时速度 $v = gt = \sqrt{2gh}$，其中 t 是物体下落的时间，h 是物体下落的位移。下落的位移 $h = \frac{1}{2}gt^2$，物体受到的重力与重力加速度的关系为 $G = mg$，遵循牛顿第二运动定律。

　　在有空气的环境中，随着自由落体运动速度的增加，空气对落体的阻力也逐渐增加。当物体受到的重力等于它受到的阻力时，落体将匀速降落，此时它所达到的最大速度称为终端速度。所以在空气中研究物体自由落体运动时，开始一段时间的速度较小时，空气阻力较小，往往可以近似看作自由落体。

　　对真理的追求是人们开展科学研究的不竭动力，人类航天事业的发展使不受空气阻力的实验成为现实。美国阿波罗号载人飞船成功登月后，航天员做了一次真正的自由落体实验，航天员在月球上同时丢下锤子和羽毛，由于月球上没有空气，锤子和羽毛只在月球引力作用下自由下落，它们同时到达了月球表面。这个实验直接证实了做自由落体运动的物体其运动状态与质量无关。

■ 月球上自由下落的锤子和羽毛

驾驭运动

　　我国春秋战国时期的《考工记》是一部记述官营手工业各工种规范和制造工艺的文献。其中《辀人篇》中说："劝登马力，马力既竭，辀尤能一取焉。"意思是说马拉车的时候，马已经停止用力了，但车还能前进一段距离。这里说明了物体的一种基本属性——惯性，也就是说物体本身有一种保持原来运动状态的性质。这可以说是世界上对惯性现象的最早论述。实际上不仅运动的物体具有惯性，静止的物体也具有惯性，要想使静止的物体运动起来，也必须对它施力。我国古人对运动的论述与近代物理学中牛顿第一运动定律有许多相通之处。

■ 劝登马力，马力既竭，辀尤能一取焉

人类只有掌握了更多的运动规律，才能更好地驾驭运动。关于运动还有哪些规律呢？现在就来开启我们的探索之旅吧。

伟人智慧之光：墨子对力的论述

在长期的生产劳动中，人们早就发现物体的运动与力之间有着密切的关系，所以，要研究运动必然要研究力。力是什么呢？战国时期，我国著名的思想家、教育家、军事家，墨家学派创始人墨子及其弟子，于公元前 400 年前后写成《墨子》一书，其中《墨子·经上》第二十一条写道："**力，形之所以奋也。**"这里的"形"指物体；"奋"指由静到动，动而愈速，或改变运动方向，也就是我们现在所说的物体运动状态的改变。这句话的意思是，力是改变物体运动状态的原因。这应该是人类历史上对力和物体运动之间关系最明确、最早的表述了。

伟人智慧之光：牛顿第三运动定律

通过对力的研究，人们还发现力的作用不能脱离物体，并且至少要有两个物体。1664 年，牛顿受到笛卡尔的影响，也开始研究刚体 ❶ 的碰撞问题。1665—1666 年，牛顿对两个球形刚体碰撞研究后提出：在它们向彼此运动相碰的瞬间，它们的压力处于最大值，它们的整个运动是被此一瞬间彼此之间的压力所阻止，……只要这两个物体都不互相屈服，它们之间将会持有同样猛烈的压力，……像之前彼此趋近那样，向相反的方向弹回。也就是说，在碰撞的瞬间，它们的运动被彼此之间的压力所改变。随后，牛顿进一步发现：如果两个物体 p 和 r 彼此相遇，因为物体 p 压物体 r 和物体 r 压物体 p 的力是一样大小，所

■碰撞中的相互作用力

---

❶ 刚体指受力时体积和形状都不发生改变的物体，它实际上是不存在的，是一种理想化模型。

以二者的阻力是相同的。

很多年以后，牛顿才在他的《自然哲学的数学原理》一书中正式提出："每一个作用总是有一个相等的反作用和它相对抗；或者说，两物体彼此之间的相互作用永远相等，并且各自指向其对方。"这就是牛顿第三运动定律的较早描述。

人们将牛顿第三运动定律进一步归纳描述为：**作用力和反作用力大小相等、方向相反、作用在同一条直线上，彼此作用于对方，并且同时产生，力的性质相同。**

牛顿的三大运动定律是经典力学中基本的运动规律，牛顿正是在此基础上建立了完整的力学大厦。这些规律的发现，凝结了许多科学家研究的智慧与成果，所以牛顿曾谦虚地说："如果说我看得比别人更远些，那是因为我站在巨人的肩膀上。"

体验发现之路：关羽和张飞比力气

据说三国时期，张飞对自己排在关羽之后当三弟很不服气，于是有一次趁着酒劲要和关羽比力气。关羽提出："谁能想办法把自己提起来，谁就做二弟。"张飞欣然同意。

只见关羽找来绳子，一端拴着自己的腰，一端绕过树枝，用手拉绳子，就把自己拉了起来。张飞不以为然，只见张飞用力抓住自己的头发，想要把自己提起来，尽管使出全身力气，面红耳赤，还是没能把自己提起来，他只能做三弟了。

你也用张飞的方法，试一试能不能把自己提起来吧。

为什么关羽可以把自己提起来，而张飞却不能呢？

如图所示，张飞虽然用手抓住自己的头发往上提，但是头发也会产生反作用力，这一对作用力是张飞整个身体两部分相互作用的内力，这两个力并不对张飞整体产生向上拉的作用。对张飞来讲，他只受到重力和地面支持力这一对平衡力的作用，他只能处于静止状态了。而关羽将绳子绕在树上，用力向下拉绳子，根据牛顿第三运动定律，绳子同时对关羽整体施加了向上的拉力，关羽自然就能获胜了。

所以若要改变物体的运动状态，必须受到另外的物体施加的力（外力），物体内一部分对另一部分施力（内力），不能改变物体的运动状态。

■ 关羽和张飞比力气

通过前面的体验与研究，大家发现力是看不见、摸不着的，那我们又是根据什么判断物体是否受力？受什么样的力？

力作用在物体上会使物体发生形变，或者改变物体的运动状态，这就是力的作用效果。我们可以通过观察物体的形状是否发生变化，或者运动状态是否改变来判断物体是否受力，并根据这些变化情况，判断物体所受力的大小、方向和作用点。这种认识力的方法就是转换法。

科学实验之趣：反冲气球

2022年6月5日，神舟十四号载人飞船搭乘长征二号F遥十四运载火箭划破大气层，进入太空预定轨道。火箭和飞船周围没有其他物体，是什么力量使它们升空的呢？让我们通过实验看看有什么发现吧。

动手实践

1. 实验器材

气球、打气筒、吸管、细金属丝、胶条。

2. 实验过程

（1）向气球中充入气体，用手捏住气球口，防止漏气。

（2）用胶条把吸管贴在气球表面，注意吸管口方向要与气球口方向一致。

（3）将细金属丝穿过吸管拉直，松开气球口，观察发生的现象。

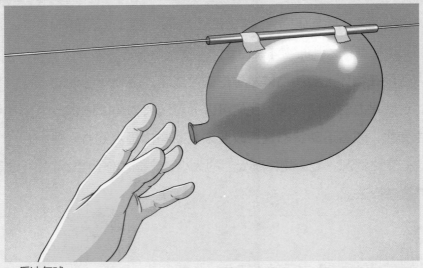

■ 反冲气球

3. 实验现象

我们会观察到，松手后气球沿着细金属丝向气球开口的反方向滑去。

思维活动室

是什么物体对气球施加了力呢？向气球内吹气后，气球内气压增大。气球壁对进入其中的气体产生压力，由于气体受到来自四面八方的力，气体受力平衡，处于静止状态。松开气球口后，气球内的气体受到开口一侧的压力减小，总体上受到气球壁对其向气球口方向的合力，因为力的作用是相互的，所以球内的空气也对气球施加了相反方向的作用力，气球就飞向相反方向去了。

可见，松开气球口前，气球和里面的空气是一个整体，但松手以后它们变成了两个物体，产生了相互作用的力。

现在你明白火箭是怎么升空的了吗？对，火箭携带的燃料燃烧后产生高温高压气体，从火箭发动机喷出，在高温高压气体的反作用力作用下，火箭便可以飞行，也就是高温高压气体推动火箭运动。

天宫实验之妙：天宫中的测力计

力的作用效果之一是改变物体的形状，当对弹簧施加拉力时，弹簧会伸长，并且在一定范围内，弹簧的伸长量与其所受拉力大小成正比，弹簧测力计就是根据这个原理制成的。

那么，在空间站里弹簧测力计还能使用吗？

2013 年 6 月 20 日，中国首次太空授课中，做了如下图所示的实验，在弹簧下面分别挂上质量不同的物体，在地球上，挂的物体质量越大，弹簧伸长得越长，而在天宫一号中，不论挂质量大的物体，还是质量小的物体，弹簧几乎都没有伸长。

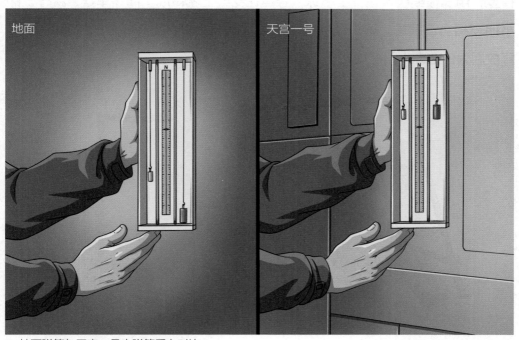

■ 地面弹簧与天宫一号中弹簧受力对比

这是因为，在地球上的物体受到重力作用，当物体处于静止或匀速直线运动状态时，物体受到的重力大小等于弹簧对物体向上的拉力。根据牛顿第三运动定律，物体对弹簧的拉力大小就等于物体的重力，所以，我们常常用这种方法测量物体的重力。而空间站处于微重力环境，物体几乎完全失重，自然不会对弹簧施加拉力，所以弹簧几乎没有伸长。

虽然弹簧测力计在空间站中测不出物体的重力，但是如果对弹簧测力计施加拉力，弹簧还是会伸长的，并且满足弹簧伸长量与其所受拉力成正比的关系，所以，弹簧测力计在空间站中照样可以用来测量力的大小。

请大家讨论一下，在空间站中天平还能用来测量物体质量吗？请说出你的理由。

天宫实验之妙：天宫"单摆"

荡秋千是很多小朋友特别喜欢的游戏之一。秋千可以看作物理学中的单摆模型，用一根细线系住一个小球，悬挂在支架上就做成了简易单摆，秋千上的小朋友相当于摆球，秋千绳相当于摆线。秋千上的小朋友或者被拉高的摆球，释放后为什么会来回摆动呢？

■荡秋千

■单　摆

这是因为摆球被拉到高处然后释放，由于受重力和摆线的拉力，绕悬挂点做圆周运动。由于能量守恒，当摆球到达另一侧最高点时，又会原路返回，如此做往复运动，我们就看到单摆的周期性运动。

精确的实验表明：单摆来回摆动一次所用时间（单摆周期）$T = 2\pi\sqrt{\dfrac{l}{g}}$，其中 l 为摆长，g 为当地的重力加速度。由此可以看出，影响单摆周期的因素有当地的重力加速度及摆长，单摆周期与摆角及摆球的质量等因素无关。

2013 年，我国的首次太空授课演示了天地单摆的对比实验。地面的单摆实验中，将摆球拉到一定高度释放后，摆球做周期性的往复运动。而天宫一号中的摆球释放后，却懒洋洋地飘在空中，你能解释这一现象吗？

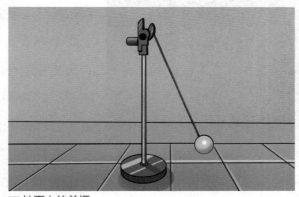

■ 地面上的单摆

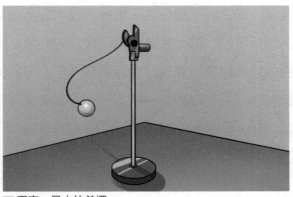

■ 天宫一号中的单摆

■ 天宫一号中的小球做匀速圆周运动

这是因为在空间站中的小球处于失重状态，摆球从高处释放后，摆线不会对它施加力的作用，所以摆球不会像在地面一样做往复摆动，只是悠闲地飘在空中。

在空间站中，若拉直摆线后给摆球一个推力，使它获得一个初速度，会像地面上的单摆一样运动吗？我们看到，它非但没有做周期性摆动，反而是绕着悬挂点做起了匀速圆周运动。但是在地面上需要足够大的初速度才能实现圆周运动，若没有外力作用，地面的这种圆周运动很难持续下去，且摆球的速度大小也会不断发生变化。正是在太空中的微重力环境中，摆球才完成了完美的匀速圆周运动。

同样一个实验，在空间站的失重环境中，往往会产生与地面上大相径庭的神奇现象，让人惊叹不已。请大家结合自己做过的实验，或观察到的自然、生活现象，联想空间站的微重力环境，大胆猜想一下，如果将这些实验搬到空间站完成，与地面的现象会有哪些不一样。把你的实验推荐给航天员，让他们在空间站中做一做，看一看实验现象是否与你猜想的相同。

邓稼先的故事

　　邓稼先，中国科学院院士，著名核物理学家，中国核武器研制工作的开拓者和奠基者。他在美国仅用不到两年时间就拿到了物理学博士学位。1950 年 10 月，邓稼先拒绝美国给他安排的优越研究岗位，在拿到博士学位后第 9 天，毅然回到当时一穷二白的祖国。

　　二十世纪五六十年代，邓稼先在新疆罗布泊的戈壁沙漠上，为中国的核事业倾尽心血。后来，在核武器研制过程中，苏联专家全部撤走。邓稼先作为工程的领头人之一，没有惧怕，没有气馁，带领科研人员在艰苦条件下，用计算尺、手摇计算机保障研发。邓稼先常说："科研没有小问题，任何一件小事都是大事，小问题如果解决不好就会酿成大祸。"邓稼先参与的 32 次核试验中有 15 次亲自指挥，邓稼先一干就是一辈子。近 30 年，邓稼先隐姓埋名，多次遭受核辐射，为我国"两弹一星"的研制作出了卓越贡献。

第三章

密度的奥秘

战国时期的《孟子》中记载："**金重于羽者，岂谓一钩金与一舆羽之谓哉？**"古人在很久前就意识到：金属比羽毛重，并不是说一个衣带钩的金属比一车子羽毛还重。这是古人对于密度的早期认识。

太空中的水油混合物也会像地球上一样自动分离开吗？天地实验有什么奇妙的现象差异？这一章，让我们一同揭秘分合有序的密度世界。

金重于羽者，岂谓一钩金与一舆羽之谓哉？

天宫实验之妙：天宫水油分离实验

空间站的王亚平老师将装入小瓶中的水和油摇晃混合，待液体静置后，我们看到王亚平老师手中小瓶内的两种液体没有像地球上一样重新分离开来。

天地之间为什么会有这种差异呢？正如天宫课堂"浮力消失"实验一样，由于空间站处于微重力环境中，水不会对浸入其中的物体产生压力，浸入其中的物体也就不会受到水的压力差，浮力消失，所以浸入其中的乒乓球不会浮起来。与此类似，王亚平老师晃动瓶子后，油变成了小油滴，均匀地分散在水中，小油滴既不会上浮，也不会下沉。油与水便混合在了一起，二者"难舍难分"不能分离了。

■ 空间站水油分离实验

在地面上由于存在重力，混合在水中的小油滴受到了水对它施加的浮力，由于油的密度小于水的密度，油滴受到的重力小于水对它的浮力，又因为油水分子之间相互排斥，最终，油浮在了水面上方，我们便会看到水与油之间的分层现象。

■ 地面水油分离实验

由以上的研究可知，两种液体混合后要想自动分离至少需要满足三个条件：一是两种液体的密度不同；二是两种液体不相溶；三是必须受到重力作用。

在地球上，我们制作合金，往往会出现密度大的液态金属下沉，密度小的液态金属向上运动的现象，很难混合均匀。若想将气体混合入液态合金中更是难上加难！太空中的微重力环境引起了许多科研人员的兴趣，他们借助微重力环境开展了大量研究。例如，在太空中向液态合金注入气体，气体便可以均匀分布在合金中，制造出了泡沫金属。

泡沫金属是指含有泡沫气孔的特种金属材料。由于其独特的结构特点，泡沫金属拥有密度小、隔热性能好、隔音性能好以及能够吸收电磁波等一系列优点，是随着人类科技进步逐步发展起来的一类新型材料。这种材料由于密度小，甚至可以漂浮在水面上。随着技术的进步，轻质、高强度泡沫金属将使很多水陆两栖车辆受益。

■ 泡沫金属

2 水油分离小妙招

明代医学家李时珍在《本草纲目》一书中曾记载:"佛书称乳成酪,酪成酥,酥成醍醐。色黄白作饼,甚甘肥,是也。酪面上,其色如油者为醍醐。"其中的"醍醐"指的便是"酥油"。在青藏高原上,酥油是藏族人民招待贵宾的珍贵食物。如何才能从牛羊奶中尽快分离出酥油呢?聪明的藏族人民制作了酥油分离机。随着机器手柄不断转动,伴随着阵阵油脂的清香,酥油从牛羊奶中缓缓地被分离出来。从牛羊奶中分离酥油利用了什么原理呢?太空中能否利用类似原理制作"太空离心机"呢?就让我们一起探究一下吧。

提起酥油分离机,大家可能会想到制作棉花糖的机器,抑或会想到游乐场刺激惊险的旋转椅,享受美味和快乐的同时,你有没有想过制作棉花糖和旋转飞椅的科学原理呢?别看它们似乎是两个毫不相干的现象,其实它们都与"离心作用"息息相关。

有些小朋友坐过旋转飞椅，一张大伞下利用绳子拉着许多椅子，当大伞旋转起来后，坐在椅子上的人便会和椅子一起向外展开"飞"了起来，似乎有一种无形的力在向外拉扯人和椅子，如果不是有绳子拉住，人和椅子还真会"飞走"，这个向外拉扯的"力"就是人们通常所说的"离心力"。"离心力"并不真实存在，这是由于物体具有惯性而产生的一种似乎有一种"力"在拉扯人和椅子飞出去的现象。

聪明的劳动人民利用这一原理设计编排了精彩的杂技节目——水流星。表演时演员在一根彩绳的两端各系一只玻璃杯，内盛带颜色的水。演员甩绳舞弄，晶莹的玻璃杯飞快地旋转飞舞，而杯中之水不洒点滴。

■ 演示"水流星"

天宫实验之妙：叮！启动太空离心机

身处天和号核心舱的王亚平老师手中的油和水并不能自动分开，现在你有什么方法可以帮王亚平老师解决这个问题吗？王亚平老师按照同学们的建议，毫不犹豫地为大家安排。只见航天员叶光富老师以肩膀为轴，快速甩动盛有水油混合物的小瓶子，因为水的密度大于油的密度，在离心作用下就能水油分离。

小原理可以发挥大作用，空间站的实验柜里就有一台离心机，平常航天员会用它进行血样、尿样等的分离和制备工作。

离心机按不同标准可以分为低速离心机、高速离心机、冷冻离心机、真空离心机、过滤式离心机等。

离心机在日常生活、工农业生产和科研中有着广泛的应用，尤其在生物医学、石油化工、农业、食品卫生等领域更是必不可少。例如，在医学检验中，离心机常作为分离血清、血浆、沉淀蛋白质或做尿沉渣检查的仪器设备。它不仅可以分离血液中的脂质成分，还可以分离标本中已经沉淀的蛋白质。

■ 太空离心机

3

缤纷密度应用

　　无论是地球上漂亮的鸡尾酒，还是太空中借助离心作用实现水油分层，都是密度应用的例子。除了上述例子，生活中还有很多有关密度的有趣应用，如：盐水选种、古代的莲子测密度、鉴别酒浓度、化学研究中的物质萃取……

　　这一节就让我们通过实践，沉浸式体验密度知识在生产生活中的应用，直观感受科学的魅力。

■ 盐水选种

人类智慧之光：莲子试卤法

很久以前，古人也发现了有关密度的现象，尝试对其加以应用。盐是人们生活的必需品，在古代为确保盐的质量，制盐、售盐一般都由官府直接管辖经营。在没有密度计的情况下，古人是如何判断盐的质量的？姚宽是宋代杰出的史学家、科学家，著名词人，曾担任产盐地区台州的主管官员。为杜绝盐商熬制出假冒伪劣的盐，他采用了"莲子试卤法"。《西溪丛语》中曾记载："予监台州杜渎盐场，日以莲子试卤，择莲子重者用之。卤浮三莲、四莲，味重；五莲，尤重。莲子取其浮而直，若两莲直，或一直一横，即味差薄。若卤更薄，则莲沉于底，而煎盐不成。"

■鲜莲子放入清水中

■黑莲子放入清水中

■黑莲子放入盐水中

用莲子真的能鉴别盐水吗？我们通过实验，看看能否重现古书中记载的情景。

尝试使用鲜莲子进行实验。发现所有莲子都漂在了清水面上。这一现象说明鲜莲子密度比清水小。再次尝试用黑莲子（又称铁莲子）进行实验，分别将黑莲子放入清水中和盐水中。差异出现了，此时发现黑莲子沉在清水底，却有部分漂在盐水水面上。

思维活动室

请思考一下：是什么因素影响了莲子的浮沉？请你运用控制变量法设计实验研究一下吧！

通过研究可以发现，书中所记载的"以莲子试卤"的说法应该是使用的黑莲子。黑莲子是莲的老熟果实，表面灰棕色至黑棕色，平滑，有白色霜粉，不易破开。宋代"以莲子试卤"的方法一直沿用了很多年，这种方式非常巧妙地利用莲子与盐水的密度不同，通过浮沉的状态，判断盐水密度。虽然看似粗糙，却是一个非常值得后人借鉴的方法，也是科学知识来源于生活又服务于生活的极好体现。

体验发现之路：彩虹瀑布实验

科学发现往往源于人们对一些神奇现象的好奇，从而产生通过实验揭示其中奥秘的冲动。下面我们一起来观察一个彩虹瀑布实验，在感受科学之美的同时，试试看你有哪些神奇的发现。

首先找一包大家都喜欢吃的彩虹糖，再找一个稍大一点透明的水杯（或用鱼缸、花瓶替代也可），一根瓷棒（或其他替代物）和双面胶。

现在我们就可以开始科学实验了。先在瓷棒中间部位缠绕一圈双面胶，将彩虹糖按照不同颜色粘在瓷棒的双面胶上，再将粘有彩虹糖的瓷棒放到水杯中，使彩虹糖没入水中。随着时间的推移，我们观察到了如图所示的现象。

■ 彩虹瀑布装置

你有没有制作出漂亮的彩虹瀑布？在彩虹瀑布的形成过程中你有什么发现？我们看到彩虹糖在水中溶化后具有了流动性，它连带着附着于其上的色素沿着瓷棒向下流动，说明彩虹糖附近的糖水密度大于周围水的密度，也正是因为这一原因，才形成了彩虹瀑布。

■ 美丽的彩虹瀑布

科学探究之趣：自制油滴计时器

探索未知、学以致用是科学研究的价值体现。古人通过观察生活现象，发现了利用密度检测盐品质的方法，现在的我们利用密度知识看到绚丽的彩虹瀑布，为生活增添了色彩。密度知识还能给我们带来哪些惊喜呢？还有哪些更多的应用价值呢？接下来让我们制作一个小作品吧。

1. 实验器材

两个一样的塑料瓶（带盖）、热熔胶枪、水、油、剪刀或锥子（打孔器）、吸管。

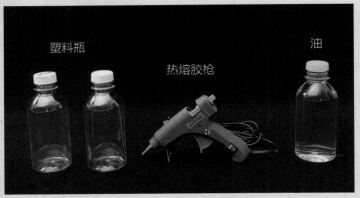

■制作油滴计时器的主要器材

2. 实验步骤

（1）将两个塑料瓶的瓶盖的外面对在一起，并用热熔胶粘牢，然后用锥子在瓶盖上打两个小孔，大小以恰好穿过吸管为宜。

（2）将两支等长吸管穿入两个小孔，调节吸管穿入的长度，使每一侧的吸管一长一短，然后用热熔胶密封吸管与瓶盖的连接处。

（3）在一个瓶子内装入水，另一瓶子内装入油，瓶口处留少量空气。

（4）将多余的吸管剪掉，使瓶盖一侧的吸管一长一短。

（5）先将瓶盖拧在水瓶的瓶口上，然后，用手指堵住较短的管口，迅速将较长的吸管插入油瓶中，移开手指，将瓶盖盖在油瓶口，并拧紧。

（6）分别将油瓶和水瓶置于上方，观察发生的现象并记录，尝试解释你观察到的现象。

操作方法	实验现象
油瓶在上	
水瓶在上	

3. 实验现象

实验中，你将会观察到：将油瓶放在上方时，两种液体都不流动。水瓶在上方时，会看到油均匀地一滴一滴地浮到上方装有水的瓶子中，最后漂浮在水面上。

请你思考一下，利用这种现象如何计时？根据你的计时方法，进一步完善油滴计时器。

⚠ 安全提醒：

给瓶盖打孔时注意安全，避免扎伤手。

使用热熔胶枪时一定不要接触枪头金属部分，避免烫伤。

组装塑料瓶时动作要迅速，以免液体流出。

■ 油滴计时器

4. 原理解释

由上面的实验可发现，油滴计时器是利用油和水的密度差异且不相溶的原理制成的。当水在上方时，由于水的密度比油大，在重力作用下水会通过吸管流入油瓶，油通过另一支吸管进入水瓶，直至漂浮到水面。又因为油进入水瓶的速度基本是匀速的，因此我们可以根据油进入水中的多少，来判断时间的长短。当水和油置换完毕后，还可以再将两个塑料瓶倒置过来继续计时。

气体、液体的密度是固定不变的吗？若可以改变，与什么因素有关？为何家庭中的暖气都安装在较低的位置？接下来让我们更加深入地探索密度变化的奥秘吧。

古代飞行器密码

　　"映光鱼隐见，转影骑纵横"的意思是在灯光的照射下看到鱼儿时隐时现，骑马者的身影驰骋奔跑，这是宋代诗人范成大在《上元纪吴中节物俳谐体三十二韵》中对走马灯的描述。

　　走马灯是我国古代劳动人民发明的一种玩具，是灯笼的一种。走马灯设计最巧妙之处，在于它利用烛火产生的光和热气流，创造出了妙趣横生的动画效果。

■ 走马灯解剖示意图

其原理是：放在灯笼底部的蜡烛燃烧，使周围的空气温度升高。热空气密度小于冷空气密度，向上运动，到达灯笼顶部便会推动灯笼上方的叶轮转动，带动挂在叶轮四周的人物剪纸转动。在灯笼内的烛光照射下，这些人物的影子便落在了灯笼侧壁上，形成不断转动的动画效果。

观察发现之路：暖气片为什么要装在窗台下面

自然界中空气受热密度会减小，从而上升，于是局部地区气压降低，周围的空气便过来补充，使空气流动，从而形成风。仔细观察一下房间中的暖气片，往往都安装在较低的窗台下面，你知道是什么原因吗？这是因为暖气片周围的温度较高，从窗口进来的冷空气向下运动被加热，被加热后密度变小，会自发地上升，使房内的空气形成对流，便可以很快使整个房间内的温度升高。

■ 暖气片周围的空气循环

人类智慧之光：从孔明灯到热气球

　　我国古代对热空气的利用，除了走马灯，还有更早的记载。相传在汉武帝时，淮南王刘安等写的《淮南万毕术》记载："取鸡子，去其汁，然（燃）艾火纳空卵中，疾风因举之飞。"是说在蛋壳中点火燃烧，利用热空气上升，使蛋壳迎风飞上天。当然实验和计算的结果表明这样的东西是飞不起来的，但这说明中国古代人们已有了热气球的最早设想。

　　三国时期，蜀国军师诸葛亮发明了孔明灯。据说在一次征战中，蜀军被司马懿围困于平阳，无法派兵出城求救。诸葛亮算准风向，制成会飘浮的纸灯笼，系上求救的信息，通知援兵，成功脱险，于是后世称这种灯笼为孔明灯。现在我国的很多地方用放飞孔明灯的方式来祈福。

■孔明灯

■■ 乘坐热气球旅行

直到 1783 年，法国物理学家使热气球变成了一种运输工具，并在欧洲发展起来。现今乘热气球飞行已成为人们喜爱的一种航空体育运动。

思考题：

如何才能使热气球飞得更高一些？热气球又该如何返回地面呢？这两个问题留给聪明的你思考吧。

科学探究之趣：分层的冷热水

热空气上升，冷空气下降。如果不同温度的液体遇到一块会发生什么现象呢？让我们通过实验来研究一下吧。

动手实践

1. 器材

两只玻璃杯、冷水、热水、一张塑料卡片、两种水溶性色素。

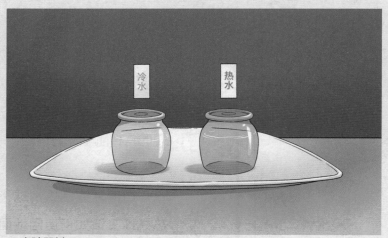

■实验器材

2. 实验步骤

（1）向一个玻璃杯内装满冷水，滴入几滴水溶性色素混合均匀。

（2）向另一个玻璃杯中装满热水，滴入另一种水溶性色素混合均匀。

（3）用平整的塑料卡片贴紧热水杯口并平推过去，使其完全覆盖杯口，排出卡片与杯口之间的空气。

（4）用手按住塑料片，小心翻转热水杯，让其倒置在冷水杯口上，要将两杯口对齐放置。

（5）缓慢地拉出两瓶之间的卡片，观察现象。

（6）将两个玻璃瓶倒置，观察又会发生什么现象。

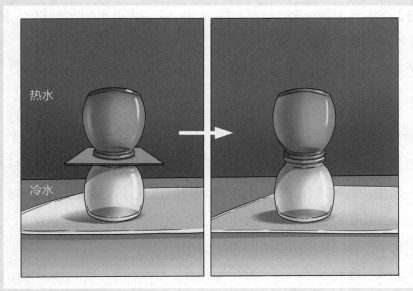
热水
冷水
■ 冷热水分层现象

3. 实验现象

通过上面的实验我们可以观察到，虽然水具有流动性，但热水和冷水并没有互相进入对方，冷水在下面的杯中，热水在上面的杯中，并没有融合，而是自然地分层。当我们将两个玻璃杯倒置过来，冷水和热水便很快混合在一起了。

4. 原理解释

为什么会出现这种现象呢？经过研究发现，液体密度会随温度变化而变化。热水温度高，密度小；冷水温度低，密度大。处于上方杯子中的热水由于密度小，会依然保持在上方，而位于下方杯子中的冷水由于密度大，依然会沉在底下，二者不会混合。倒置后，由于冷水的密度较大，在重力作用下，就会很快进入到热水中，使冷水和热水混合在一起。

天宫实验之妙：空间站中的密度变化

通过前面的研究发现，在地球上，气体或液体温度的变化引起了分布变化，利用这一规律，人们设计了走马灯、孔明灯、热气球、温度计等诸多的创新发明，让科学发现更好地服务于人类生活。如果把这些实验或装置带到太空，在天宫空间站中还会观察到这些奇妙的现象吗？

我们知道，天宫空间站与地球表面的最大区别就是空间站具有微重力环境，在这样的环境中，所有物体都处于失重状态，也就没有了上下之分，只能人为定义"指向地球的方向为下"。密度大的液体或气体不会自动向下运动，密度小的液体或气体也不会自动向上运动。

我们一起来观察一下地球上的火焰燃烧与空间站中的火焰燃烧有何不同。在地球上由于受重力作用，密度小的热空气向上运动，密度大的冷空气向下运动，火焰周围的气流能够平稳对流，不断为其提供氧气，形成了持续燃烧且自然向上的火焰。而空间站中火焰燃烧时，周围的空气温度升高，但不能向上运动，燃烧的高温气体包围在焰心周围，形成了球状火焰，由于不能形成对流，燃烧的速度非常缓慢。

■ 地球上的火焰　　　　　　　　　　　■ 空间站中的火焰

　　不仅空间站中的火苗不能像在地球上一样正常燃烧，长期处于太空失重环境的航天员，也会出现一些太空综合征。据统计，航天员在太空中生活一个月以上，平均骨质流失要达到 1% ~ 2%。而在地球上，骨质疏松最严重的老年女性群体，每年的骨质流失量也只有 1%。骨质疏松会使人的骨骼非常脆弱，不小心就会有骨折的危险。所以，返回地球的航天员不能立刻直立行走，需要坐在特制的椅子上由工作人员抬着行走，经过一段时间的恢复性训练才能在地球上正常生活。

　　在太空的微重力环境中，骨头不需要支撑人体太多重量。骨骼中的钙分解速度便会加快，许多钙会随尿液排出，久而久之，骨骼的密度便下降了。

　　想不到从生物学的角度来看，微重力环境竟是引起骨密度变化的原因之一。为解决这一问题，我国科学家在空间站里开展了多项有关"空间骨丢失"的研究。

　　为了保证良好的身体状态和充沛的精力，空间站中的航天员每天要使用健身设备坚持锻炼 1 ~ 2 小时。

正在空间站锻炼的航天员

郭永怀的故事

1968 年 12 月 5 日凌晨，一架飞机到达北京机场并准备降落，在距地面仅仅只有 400 米时，飞机突然失去了平衡并不幸坠毁。在极其惨烈的事故现场，调查人员发现了一对紧紧拥抱在一起的焦尸。后来经过辨认，确认是郭永怀和他的警卫员，几个战士用全力才把两个人分开。原来郭永怀和他的警卫员紧紧保护的是一份绝密的资料，后来，这份绝密资料被送到中国科学院，为我国热核导弹的成功发射提供了重要数据。不久后，中国第一颗热核导弹试验成功。中央授予郭永怀同志革命烈士的称号。

郭永怀师从世界气体力学大师冯·卡门，凭借自己的勤奋与努力，成为一代力学大师。他钟爱科研，但为了顺利回国科研报国，毅然将在国外多年研究撰写的书稿付之一炬。回国后郭永怀是唯一一个在"两弹一星"所有项目中都参与设计的科学家，是我国近代力学事业的奠基人之一。

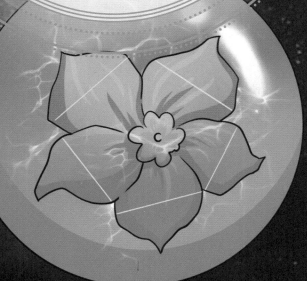

第四章

分子 "神" 力

表面张力是液体所具有的性质之一，指发生在液体表面的各部分互相作用的力。肥皂泡、球形液滴等都是由于液体的表面张力而形成的。据记载，明熹宗朱由校（1605—1627）就玩过肥皂泡，当时人称它"水圈戏"。方以智（1611—1671）说："**浓碱水入秋香末，蘸小蔑圈挥之，大小成球飞去。刘若愚言，熹宗能戏，以水抛空中成圈。**"

　　明代刘侗、于奕正的《帝京景物略》记载："**七月七日之午丢巧针。妇女曝盎水日中，顷之，水膜生面，绣针投之则浮。**"水的表面张力虽然不算大，但是如果把像绣花针那样的比较轻的物体小心地投放水面，针也能由于水的表面张力而不下沉。投针验巧成为我国明、清两代盛行的七夕节习俗，体现了中国古代劳动人民的聪明才智。

投针验巧

1

水球保卫战——分子间作用力

体验发现之路：

爱跳舞的"水滴姑娘"

当我们把一滴水拆分成一个个水分子，这小小的粒子需要用扫描隧道显微镜才能观察到。一滴水所含的水分子约十万亿亿个，若让它们手拉手排成一条线，可以绕地球 16 000 多圈。水分子所处的微观世界恰如一个迷你王国，这些小小的水分子"活泼好动，精力旺盛"，一刻不停地做着无规则运动。

看到这里有的同学可能不免产生了疑问，既然这些"淘气"的水分子在不停地四处运动，水滴为何没有散开呢？其中的缘由便是分子间存在作用力。水分子之间被一股看不见的力拉着，这种相互作用力就像一组"弹簧"，当两个分子距离过远时，"弹簧"表现为引力把它们拉回来；当两个分子距离过近时，"弹簧"又默默地把它们推开一定距离。

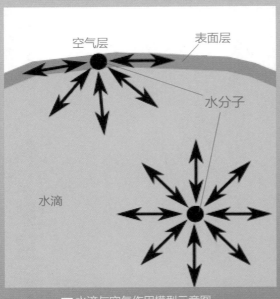
■ 水滴与空气作用模型示意图

空气层
表面层
水分子
水滴

为何小水滴呈现近似球形呢？我们知道，由于分子间作用力的存在，每个水分子都与周围的水分子相互吸引，这使得水凝聚起来，成为液体。但是水滴表面的水分子只能和水面下的水分子强烈吸引，而与空气吸引很弱，于是，在水的表面相邻部分之间就形成了沿表面切线的相互牵引力，这些力就使水分子们紧紧地抱成一团，呈现近似球形了。

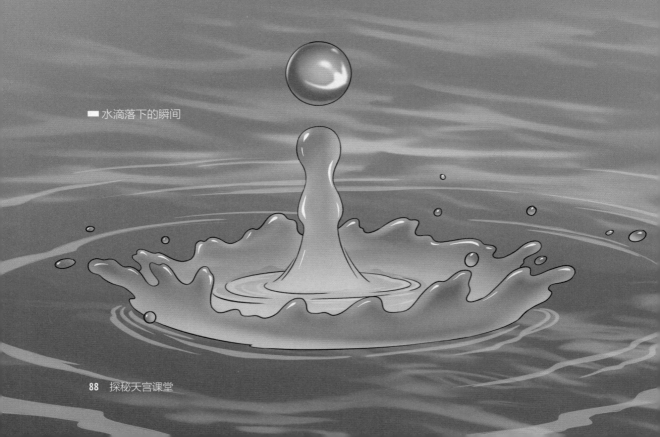
■ 水滴落下的瞬间

天宫实验之妙：水球悬浮魔法

空间站中的水滴又是什么样呢？在天宫课堂中我们看到，航天员将一个金属环插入水袋中蘸取水，再将金属环小心取出，金属环之间就形成了一张薄薄的水膜，把金属环立在桌面上，水膜也没有破。再向水膜中持续注水，我们观察到，金属环中的水膜变成了一个水球！

在微重力环境中，水球表面的水分子切面上仅存在液体表面张力的作用，水解脱了重力的束缚，分子间作用力即液体表面张力就会大显神威，从而使水滴呈现球形。

天宫实验之妙：沸腾"迷你地球"

在天宫实验中，王亚平老师为水球中注入蓝色的液体。很快地，颜料分散到了这个水球中，随着时间的推移，我们观察到一个蓝色的水球，这多像一个"迷你地球"呀！

随着一粒泡腾片的放入，水球瞬间变成了一个充满欢乐小气泡的气泡球。王亚平老师闻了闻后，幽默地说："这小球还散发出阵阵香气呢。"原来是微观分子悄悄地飘到航天员身边，送去了芳香。

■太空中的蓝色水球

体验发现之路：
会"轻功"的水黾与水上硬币

在童年夏日的傍晚，我们也许都曾在河面上看到过一种身怀绝技的小虫——水黾（mǐn），它在水面上嗖嗖地穿梭，速度可以达到 1.5 米 / 秒。水黾可以在水面上滑行，是液体表面张力作用的结果，我们一起来探寻其中的奥秘吧。

原来水黾的腿部有特殊的螺旋纳米沟槽结构，沟槽周围有同一方向排列的微米刚毛。这种结构可以将空气有效地吸附在沟槽的缝隙内，在其表面形成一层稳定的气膜，阻碍了水滴的浸润，宏观上表现为水黾腿的超疏水特性，水黾便能够"漂"在水面上了，从而表现出超凡的"水上轻功"。

2

拉出液桥——液体张力

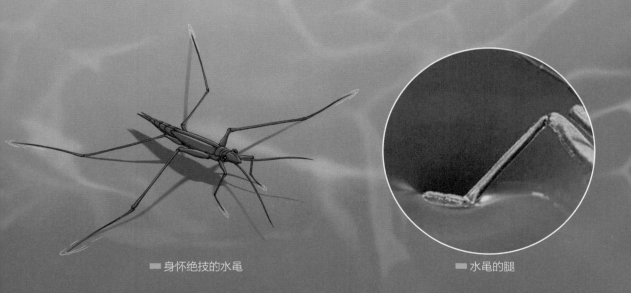

■ 身怀绝技的水黾

■ 水黾的腿

借鉴水黾水上行走的技能，近年来人们研发的超疏水仿生材料备受瞩目。随着研究的深入，人类有望在不远的将来设计出新型水上交通工具，甚至还可生产出新型防水纺织品，或许有朝一日人类的水上行走也将成为可能。

天宫实验之妙：水能建桥吗

空间站中的航天员老师，似乎听到了我们的心声。让我们一同来看：天宫液桥实验！王亚平老师手中拿有两个透明的液桥板，叶光富老师的手中拿有航天员在太空中喝的饮用水。首先王亚平老师向液桥板的表面轻轻挤上两个水球，我们看到，空间站中的水球明显比地面硬币上的厚一些，这说明在太空微重力环境下，液体表面张力作用更加明显。紧接着将两块液桥板轻轻靠近，我们看到在液体表面张力的作用下，产生了奇妙的液桥现象。

此时地面同步课堂的同学们尝试模拟液桥。但在地球重力环境下，液体表面张力似乎成了被封印的"神兽"，难以显现其威力，我们只能看到小小的液柱。当我们洗手时看到指尖的小液柱也是如此。

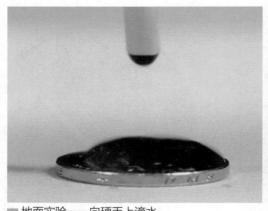
■ 地面实验——向硬币上滴水

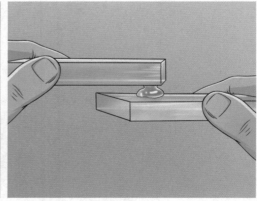
■ 地面实验——搭建液桥

■ 空间站的液桥现象

3

漂亮的肥皂膜

小小的水黾将液体张力使用得游刃有余，液体张力在"天宫"中为我们带来很多奇妙的现象，我们去一探究竟吧。

天宫实验之妙：
天地同实验——水膜

为更好地显示水的表面张力，天宫课堂中进行了这样一个实验——神奇的水膜。航天员王亚平首先拿一个金属圈及一袋饮用水，将饮用水倒在金属圈上，我们发现，金属圈中间形成了漂亮的水膜。此时的液体呈现圆形，结合前面的学习，我们推理出这是液体表面张力的作用。在失重状态下，普通水能够制作出这么大的水膜，这在地面上是很难做到的。

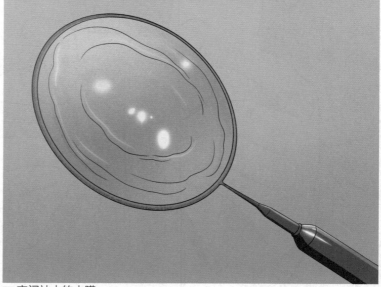

■ 空间站中的水膜

如果我们在地面上尝试制作水膜，会成功吗？可以的。地面上的液体张力虽然不足以支撑起很大的水膜，但我们可以通过一些方式增大液体张力。只需要加入一些表面活性剂。什么是表面活性剂？其实它随处可见，洗涤灵、洗手液、肥皂里都有它的身影。只要增大了液体张力，我们也可以在地球上吹出巨大的泡泡，制作出硕大的水膜。话不多说，让我们动手实验一下。

为更好地观察水膜的形成，我们取一个透明塑料环代替太空中的金属环。将塑料环放入左侧的水盒中，然后取出，我们观察到水膜没有形成。将塑料环擦干备用。

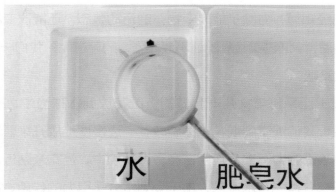

■ 实验现象（一）

将塑料环放入水中，取出，没有形成水膜。

接着将塑料环放入右侧的肥皂水盒中，然后取出，我们发现水膜形成了。通过这个实验我们同样可以直观地看到分子张力的存在。

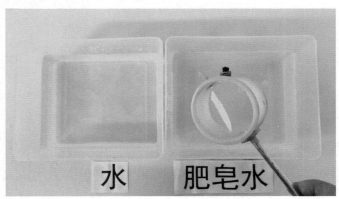

■ 实验现象（二）

将塑料环放入肥皂液中，取出，水膜形成了。

天宫实验之妙：天地同实验——"花朵绽放"实验

我们已经知道，力除了能改变物体的运动状态，还能改变物体的形状。我们能否利用后者，通过实验直观证明液体张力的存在呢？我们一起观看一下"花朵绽放"实验吧。

航天员王亚平将与女儿一起做的折纸花放到水球当中，随着纸花的花托与水球接触，我们观察到纸花一边旋转，一边慢慢绽放开来。这一实验的原理同样与液体表面张力有关。在宇宙微重力环境中，当花朵贴近水球表面时，水接触的花托部分首先有水浸入，由于受到水分子引力的作用，花瓣便向外"绽开"了。

地球上能否进行花朵绽放实验呢？答案是肯定的。地球上的"花朵"同样绽放成功。可见，物理规律在天地之间都是客观存在的。

太空花朵绽放

体验发现之路：分子力小船

分子力不仅可以使纸花"绽放"，还可以驱动小船。下面我们一起来体验一下吧。

动手实践

1. 实验器材

泡沫板做成的小船、洗手液、镊子、装有一定量水的长水槽。

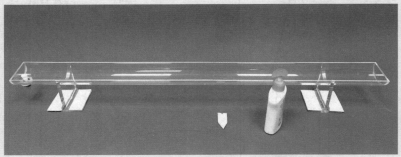

■ 主要实验器材

2. 实验步骤

（1）将泡沫小船放入水槽的水中，我们可以看到小船静止在水面上。

（2）将小船用镊子取出，在小船尾部涂上一些洗手液。

（3）将小船放入水中，注意观察其产生的现象，尝试解释你观察到的现象。

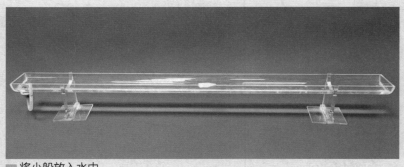

■ 将小船放入水中

3. 实验现象

实验中你将会观察到：小船在水中向前运动起来。

4. 原理解释

当小船放到液面上时，其四周都受到液体表面张力作用，此时这些力是平衡的，所以，第一次实验时，小船会在水中静止不动。当我们将洗手液涂抹在小船尾部时，洗手液逐渐溶入水中，它降低了小船尾部液体的表面张力，而小船其他位置液体的表面张力依然不变，小船周围张力就失去了平衡，小船整体受到的液体表面张力的合力向前，在这个力的作用下，小船就向前运动了。

我们也可以利用类似的原理改进实验，例如，树叶浮在水面上，将圆珠笔的墨水滴到树叶尾部，在液体表面张力作用下，树叶便会向前移动起来。

4

神奇的毛细现象

也许同学们会觉得小小的液桥看起来微不足道，但其实液桥是"太空微重力流体力学"的一个重要研究方向。微观分子引力是当今物理学领域的研究热点，其对人类社会发展具有极高的研究价值。

观察发现之路：变红的芹菜秆

我们来看一下生活中的两个现象。将芹菜秆放入滴有红墨水的水中，注意芹菜要露出水面一部分，几个小时后你看到了什么现象？没错，红墨水会沿着芹菜秆向上爬，即便没有浸在水中的芹菜秆也被染红了。把喝口服液的小吸管插入口服液中，即使没有吸吮，药水也会沿着吸管上升一定高度，吸管内液面高于口服液瓶中的液面。这些现象我们称为毛细现象。现在就开启我们的探究之旅吧。

科学探究之趣：美丽的彩虹桥

接下来我们亲自做一个毛细现象的实验吧！

动手实践

1. 实验器材

一次性透明水杯 5 个，纸巾 1 包，紫、红、绿色素各 1 瓶，水容器 1 个。

2. 实验步骤

（1）将 5 个杯子摆好，从左到右分别给第 1、第 3、第 5 个杯子倒半杯水，在其中各滴入一种色素，搅拌均匀，使色素完全溶解在水里。

（2）取出 4 张纸巾，将其全部折成长条状，从中间对折放置在两个杯口相交处。

（3）仔细观察纸巾变化，并尝试解释你观察到的现象。

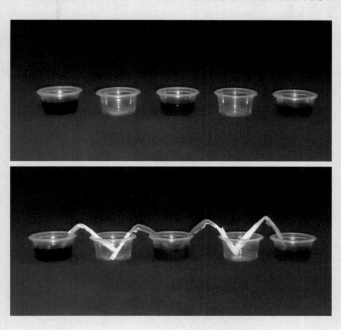

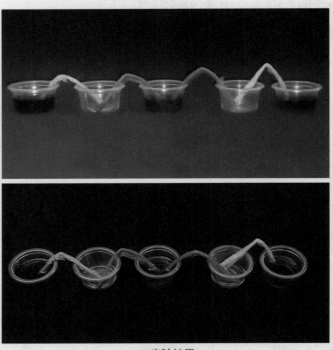

■ 实验结果

3. 实验现象

我们看到不同颜色的水慢慢爬上纸巾，如同彩虹桥一般美丽。这是因为水分子与纸巾纤维分子之间有引力，水分子在引力作用下便沿着纤维缝隙爬了上去。

天宫实验之妙：神奇的毛细现象

我们先来模拟前面的口服液吸管实验，观察一下毛细现象。先在杯子里装入适量的水，用一根细管插入水中，你会发现细管中水面略微上升。

如果毛细实验在空间站的微重力环境又会是什么现象呢？

来到了空间站，航天员面前是一个装满水的培养皿，为了便于观察，里面加了一些颜料，有三根粗细不同的塑料管，把它们同时放在水中，会和地面的现象一样吗？如图所示，最细的管子，液面上升很快，旁边两个管子液面上升比较慢。和地面最明显的区别就是，在空间站由于没有了重力的束缚，表面张力作用会更加明显，会驱动液面不断上升，最终液面都会上升到顶部。

■ 空间站的毛细现象

聪明的你肯定有这样的疑问，毛细现象与液体表面张力有什么关系呢？水在不同材料上的附着力不同，毛细现象是附着力与水表面张力共同作用的结果。水对玻璃管的附着力使水沿着管壁爬升，并形成一个凹面，但表面张力又使液体表面收缩而把液面往上拉平，这两种力的联合作用使水逐渐上升，高于周围液面。当这两种力与升高的液柱重力相平衡时，水就不再上升了。

思维活动室

根据前面的研究，请你分析一下，毛细现象中液柱上升的高度可能与哪些因素有关？

人类智慧之光：热毛细流动

毛细现象虽然看似简单，但却有许多重要的应用，比如高空热管就利用了毛细作用。在天宫二号上，就装载有相关科学实验装置——液桥热毛细对流实验箱。

何为热毛细流动？由于液体表面张力是随温度变化而变化的，温度越高的地方，液体表面张力越小。因此，当液桥两端的温度存在差异时，液体在表面张力的作用下，会产生热毛细流动现象。地球环境下，由于重力的存在，这种热毛细流动现象微乎其微，往往会被忽视。

许多科学家曾认为，只要重力消失了，就可以在理想环境中制造出高纯度的晶体，从而提供制造高质量半导体的材料。然而太空中的实验结果令人难以预料。空间站生长的晶体竟与地球上生长的晶体存在类似的条纹缺陷。所谓"按下葫芦浮起瓢"，正是这看似不起眼的热毛细对流现象在偷偷搞着破坏。

杨利伟的故事

2003 年 10 月 15 日 9 时，航天员杨利伟肩负着祖国和人民的重托，乘坐由长征二号 F 火箭运载的神舟五号飞船进入太空。他在执行任务中沉着冷静，英勇果敢，准确操作，圆满完成了震惊世界的太空之旅，实现了中华民族千年飞天梦想。从太空回来后，他获得了"航天英雄"的称号，然而在这辉煌背后，他还有一段鲜为人知的与"死神"擦肩而过的经历。

火箭发射后，在离地面三十几千米时，火箭发生了低频振动，人体会有一种濒临死亡、坚持不住的感觉，杨利伟一度以为自己要牺牲了，直到 26 秒后他的一个眨眼睛的动作，才让工作人员紧张得提到嗓子眼的心放下来，控制室里一片欢呼声。

神舟五号升空，杨利伟进入太空，中国成为第三个把航天员送入太空的国家。

第五章

光影变化

关于透镜的应用，我国古代很早就有相关认识，且有较为全面的阐释。大约成书于春秋时期至战国时期的《管子》中写道："**珠者，阴之阳也，故胜火，能取火。**"唐代房玄龄注解说："珠生于水而有光鉴，故为阴之阳，以向日则火锋，故胜火。"这里的"珠"可能是水流冲刷成卵形的石英或水晶体等透明物，可以向日聚焦取火，实际上起着凸透镜的作用。晋代张华《博物志》中也有类似的记载："**削冰令圆，举以向日，以艾承其影，则火生。**"这是我国关于冰透镜取火的最早记载。但用冰做成的透镜不会长久，因此实用价值不大。

东汉王充在《论衡·乱龙篇》中有"**消炼五石，铸以为器，磨砺生光，仰以向日，则火来至**"的描述，这是冰透镜与玻璃技术结合的产物，也是人类关于玻璃透镜的较早的文字记载。江苏扬州邗（hán）江县甘泉镇汉墓出土的一件扁圆柱形雕花金圈内镶嵌水晶凸透镜片，金圈直径13毫米，高6毫米，镜片直径11毫米，重2.3克，大约能放大5倍，制作时间约为公元67年之前。可以证实我国制造使用透镜已有近2 000年的历史。

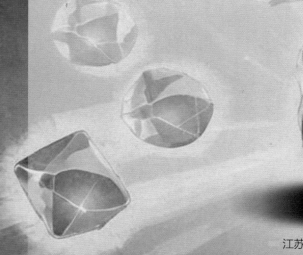

江苏扬州邗江县甘泉镇汉墓出土的凸透镜片

认识透镜

大家还记得王亚平老师在天宫课堂实验中做的水球吗？王老师把支撑水球的金属环固定在桌面上，然后站在水球后面，神奇的现象出现了，水球中竟然出现了王亚平倒立缩小的像。这是怎么回事呢？带着这个疑问，我们一起进入光影变幻的世界吧。

■水球成像

透镜在生活中随处可见，如哥哥姐姐佩戴的近视镜、爷爷奶奶佩戴的老花镜都是透镜。

你观察过这些透镜的特点吗？将近视镜和老花镜放在手中，用手摸一摸，感受一下薄厚。你发现了什么？没错，薄厚不一样。老花镜是中间厚、边缘薄，这种透镜叫作凸透镜；近视镜是中间薄、边缘厚，这种透镜叫作凹透镜。

将平行光线（如阳光）射入凸透镜，经过透镜后光集中在轴上的一点，形成一个直径最小、最亮的光斑，这个光斑会聚了太阳光的热量，可以把干树叶点燃，这个点就是凸透镜的焦点。相反，凹透镜对光线具有发散作用，当一束平行光射入凹透镜时，光线在原有基础上会发散。

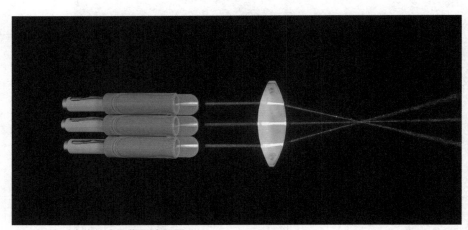

■ 凸透镜对光线的会聚作用演示图

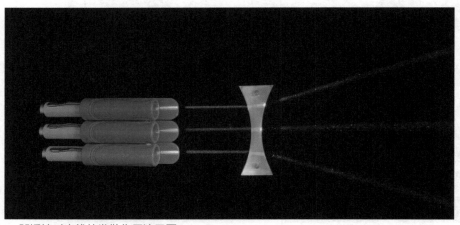

■ 凹透镜对光线的发散作用演示图

太空加油站： 透镜的焦距

焦距是透镜的一个基本属性，通常用 f 表示，其大小主要取决于透镜的曲率（可以简单理解为透镜表面的弯曲程度，表面平缓曲率小，弯曲明显曲率就大），透镜材料与其周围介质的折射率等因素。

凸透镜两侧各有一个焦点，这两个焦点是实际光线会聚成的点，称为实焦点。它们到透镜中心的距离相等，即两侧焦距相等。

凹透镜对光有发散作用，平行光线通过凹透镜发生偏折后，成为发散光线，沿着发散光线的反向延长线，在凹头镜的另一侧也会会聚一点，这就是凹透镜的焦点，它不是由实际光线会聚而成的，因此称为虚焦点。凹透镜两侧各有一个虚焦点，凹透镜两侧的焦距也相等。

2

透镜成像

通过上面的学习，我们了解了凸透镜与凹透镜的结构、作用以及焦距。透镜还有一个重要特点就是可以成像，这一原理广泛应用于多个领域。接下来，让我们一起来深入了解一下透镜的成像吧。

体验发现之路：听话的箭头

取一张 A4 纸，用马克笔在纸上画朝向、大小均相同的蓝色、红色箭头各一个，将其固定在竖直的平面上，再在前面放一个无色透明的水杯，调整水杯到箭头的距离。当水杯中无水时，透过水杯观察两个箭头的指向。在水杯中加入一定量的水，高过红色箭头，低于蓝色箭头的位置，观察箭头的指向。

我们发现，透过装有水的水杯，红色箭头被放大了，且红色箭头指向了反方向。

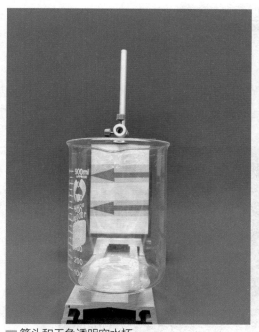

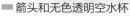
■ 箭头和无色透明空水杯

■ 杯中加水后，红色箭头被放大并改变了方向

思维活动室

　　为什么会产生这种现象呢？原来水杯中装入适量的水以后，水杯是球面，相当于一个凸透镜，透过凸透镜，物体会成像。因为透镜所成的像左右颠倒，于是你便看到指向相反方向的箭头了。

科学实验之趣：凸透镜成像

　　凸透镜成的像有时是放大的，有时是缩小的，凸透镜成像有什么规律呢？带着这个问题，我们一起来完成下面的实验吧。

1. 实验器材

光具座（可以用桌面加刻度尺代替）、焦距为 10cm 的透镜、光屏（可用 A4 纸代替）、电子蜡烛（可用其他发光体代替）。

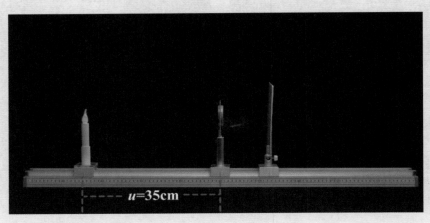

u=35cm

■ 凸透镜成像实验装置

2. 实验步骤

（1）实验前先将电子烛焰中心、透镜光心和光屏中心调到同一水平高度。

（2）将电子蜡烛移至光具座上 15cm 刻度线处，透镜固定在光具座 50cm 刻度线处，保持蜡烛与凸透镜位置不变，移动光屏，直到光屏上呈现烛焰清晰的像，观察像与物的大小关系。

（3）将蜡烛移至光具座上 35cm 刻度线处，凸透镜位置不动，移动光屏，直到光屏上呈现烛焰清晰的像，观察像与物的大小关系。

（4）将蜡烛移至光具座上 45cm 刻度线处，凸透镜位置不动，移动光屏，在光屏上能否看到像？拿下光屏，从光屏一侧透过凸透镜观察像与物的大小关系。

3. 实验现象

第一次光屏上所成像是缩小的倒立的像；第二次看到的是放大倒立的像；第三次光屏上看不到像，但是透过透镜观察光源，能够清晰地看到，所成像是放大的。因为第三次的像无法承接到光屏上，所以我们将这像称为虚像，前两次成像称为实像。

注意事项：

实验过程中，尽量选用上下不对称的发光物体进行实验，这样更容易观察像的正立或倒立的情况。

将发光物体、透镜、光屏尽量调整到同一水平高度，这样像会出现在光屏中心。

不同物距，对应的像的位置只有一个，前后移动光屏，最清晰的像即为成像。

4. 原理解释

当物体发出光线，透过透镜，会在光屏上成像。凸透镜对光线具有会聚作用。当物体与凸透镜距离发生变化时，所成像情况也会发生变化。具体成像规律如下表所示。

■ 凸透镜成像规律表

物距（u）	正倒	大小	虚实	物、像的位置关系
$u>2f$	倒立	缩小	实像	物像异侧
$u=2f$	倒立	等大	实像	物像异侧
$f<u<2f$	倒立	放大	实像	物像异侧
$u=f$			不成像	
$u<f$	正立	放大	虚像	物像同侧

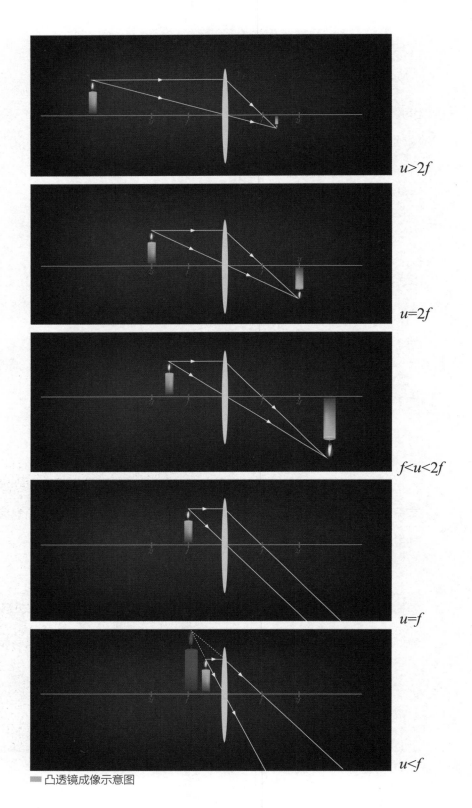

$u>2f$

$u=2f$

$f<u<2f$

$u=f$

$u<f$

■ 凸透镜成像示意图

伟人智慧之光：从小孔成像到照相机

人类对光学成像的研究最早可追溯到 2 500 年前。《墨子·经下》中写道："景到，在午有端，与景长，说在端。"意思是说，发光体发出的光线在隔屏的小孔处聚成焦点，由此给出的影是倒立的，这个影的长或短，取决于小孔相对物、像的位置。但是，这个像不太清晰，也不容易记录下来。

16 世纪时，人们发现利用凸透镜和暗箱可以提高成像分辨率以及清晰度。17 世纪出现了带有凸透镜的便携式暗箱，许多艺术家借助它完成作品，这便是照相机的雏形。

大约在 1826 年，法国人尼埃普斯将一层地沥青感光化合物涂抹在锡板上，再将其放在便携式暗箱的画板处，镜头对着窗边拍摄，经过 8 小时曝光，然后浸泡于薰衣草油中显像，影像便被记录了下来，这是人类记录的第一张永久性照片。尼埃普斯被人们称为"摄影之父"。

在拍摄照片成功后，尼埃普斯与达盖尔等人成立了小组继续探索摄影术，无奈尼埃普斯于 1833 年去世，接下来的任务就落在了达盖尔的身上。

1839 年，法国的达盖尔制造了第一台实用的银盘相机。其基本原理是将一块表面有碘化银的铜板曝光，然后用水银蒸汽蒸，再用普通的盐溶液固定，形成永久的图像。

■ 邹伯奇的照片

无独有偶，在同一时代，清末的南海奇才邹伯奇，于 1844 年创制了中国第一部用于显像、描图和测绘的照相机，并在他著的《摄影之器记》和《格术补》中记录他对摄影器的研究，讲述照相机原理、照相机结构，以及从照相过程到洗相和药料配方的材料。1949 年后，邹伯奇的后裔向广州市博物馆献了一幅邹伯奇的遗像，据说是邹氏自己用摄影方法制成的，历经一百多年，依然清晰、未褪色。邹伯奇被称为"中国照相机之父"。

经研究，目前并没有证据证明邹伯奇的相机曾经参考了达盖尔的发明，所以很有可能，他是独立完成了照相机的发明，可以说是"中国创造"。

后来人们制造的照相机都是由照相机暗箱发展而来的。由此可见，照相机实质就是一种利用凸透镜成像原理制成的能够在底片上记录影像的设备。

体验发现之路：近视眼的成因

眼睛成像的原理与照相机基本类似，眼睛的结构包括角膜、晶状体、玻璃体和视网膜。角膜和晶状体相当于照相机的镜头，而视网膜相当于照相机的底片。在正常情况下，外界的光线经过角膜、晶状体这些屈光介质以后，会形成物像落在视网膜的表面，视网膜表面存在感光细胞，会把这些信号通过视觉传导通路传到视觉中枢，在人的大脑中形成视觉，这样人的眼睛就能看到周围的景物了。

之所以我们看到的是正立的而非倒立的像，是因为反射光通过晶状体折射成像于视网膜上，此时是倒立的像，再由视觉神经感知传给大脑，大脑将像进行二次处理，进行了倒置，这样大脑便能"看见"正的像。

那么近视眼的成因是什么呢？

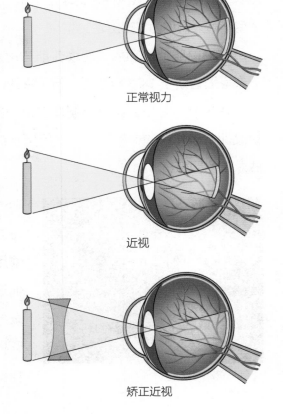

正常视力

近视

矫正近视

■ 近视的形成及其矫正

若过度用眼，户外活动时间少，眼睛的睫状肌得不到及时恢复和放松，就会使眼部睫状肌长期处于紧张状态，挤压晶状体，使得晶状体变厚不能恢复，折光能力变强，导致像成在视网膜前方，此时需要佩戴凹透镜，使得光线发散，较远会聚，才能把像呈在视网膜上。

学以致用之乐：如何保护视力

如何健康用眼是当前需要关注的问题。了解了近视眼成因及矫正，能不能学以致用，想一想用什么办法能够保护视力？

第一，要保持良好的用眼习惯，劳逸结合，不躺着或趴着看书，不在过亮、过暗、忽明忽暗的光线下看书。

第二，要注意用眼卫生，不要长时间近距离读写，读写时间应控制在40～50分钟。连续看电视或操作电脑30分钟左右，应休息一下眼睛，或闭目养神或做眼保健操，也可到室外运动或向远处眺望。

第三，睡眠要充足，保证眼睛得到充分休息。小学生每天睡眠10小时，初中生9小时，高中生8小时。

第四，不挑食，常吃富含维生素 A 的食物，如胡萝卜、菠菜、动物肝脏等。

第五，多到户外活动，使眼睫状肌得到放松。增加儿童、青少年户外运动时间是预防和控制近视最经济、有效的手段之一。

❌ 不要歪头看书写字

❌ 不要长时间看电视

❌ 使用电子产品时间不宜超过 30 分钟

■ 养成良好的用眼习惯

天宫实验之妙：水球中的正像和倒像

在天宫课堂第一课中，航天员王亚平用水球做了一个有趣的成像实验。她首先制作了一个水球，这个水球相当于一个凸透镜。透过水球，我们看到一个倒立缩小的像。

随后，她用注射器往水球中慢慢注入空气。水球并没有破裂，而是变成了一个中空的大水球。当她站到水球后面时，我们发现又在空气泡部分形成一个正立缩小的像。此时，水球中一共形成了一个正立、一个倒立的两个像。

■ 透过水球观察到的像

■ 透过充有气泡的水球观察到的像

思维活动室

　　一倒一正的两个像是怎么形成的呢？原来，水球中注入气泡后，气泡将水球分割成两种透镜。甲图是完整的水球，它相当于一个凸透镜，乙图是水球中注入气泡后的情景（图中显示的是垂直于水球金属环的纵切面），图中 A、B 两部分仍然是凸透镜的上下两部分，而 C、D 两部分各是凹透镜。我们透过水球观察到的倒立缩小的像，是成像物体反射的光经过 A、B 两部分（凸透镜）形成的实像。而透过水球中央观察到的正立缩小的像，是成像物体反射的光经过 C、D 两部分（凹透镜）后形成的虚像。

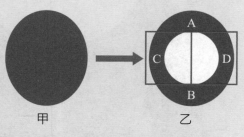

■ 成像原因分析

科学探究之趣：两次成像

我们能否在地球模拟这一实验呢？

动手实践

1. 实验器材

柱形鱼缸、小烧瓶、适量的水。

2. 实验步骤

（1）在柱形鱼缸中加入适量的水，水的高度不要太高。

（2）将中空的烧瓶竖直插入鱼缸中，尽量使水没过平底烧瓶的圆柱形瓶肚，而不没过瓶口。

（3）人站在距鱼缸一定距离处，另一人透过鱼缸和平底烧瓶观察第一个人所成的像，记录下成像的情况。

3. 实验现象

与太空水球相似，这一装置所成的像依旧是两个像：一个正立缩小的像、一个倒立缩小的像。

■实验现象

不同透镜成像的特点有所不同，有时我们可以根据观察到的像的特点判断透镜性质。请根据下面的现象做出判断，并亲自做一做，尝试做出解释。

（1）在玻璃板上滴一滴水，通过水滴观察玻璃板下面的字，与水滴周围字比较有什么不同？

（2）将近视眼镜按图所示的方式放在有字的纸面上，通过透镜观察到的文字发生了什么变化？

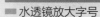

■水透镜放大字号

■近视镜可以缩小字号

体验发现之路：门镜

透镜在生活中随处可见，例如，门镜。防盗门上面的门镜为我们的家庭安全提供了保障。从室内透过门镜向外看，能看清门外视角约为 120°范围内的所有景象，而门外通过门镜却无法看见室内的任何物体，对于家庭的防盗和安全能起到一定的作用。

■通过门镜观察室内   ■透过门镜观察室外

　　门镜也叫猫眼，是装在门上观察室外景物的光学仪器。下页图中所示的是一款门镜的组成元件，整体看它由物镜（门外一侧）和目镜（门内一侧）两部分组成。物镜由如图所示的1、2、3号三块凹透镜和一个凸透镜（4号）组成，室外物体反射的光线首先经过三块凹透镜成一个非常小的正立虚像，这个虚像落在4号凸透镜的一倍焦距内，所以此时从4号凸透镜一侧，透过物镜透镜组可以观察到，室外景物所成的缩小正立的虚像会大一些，但还不足以看清。目镜由一块凸透镜（5号）做成，它的焦距较长，物镜成的虚像落在目镜的一倍焦距内，所以透过目镜（5号凸透镜）会看到再一次被放大的正立虚像，这时就可以看清室外的景物了。我们透过门镜看到的最终效果是室外景物的缩小正立的虚像，所以整个门镜起到的作用类似一个凹透镜，由于物镜最外侧的1号凹透镜采用的是凹凸型的凹透镜，且凸面向外，增大了采光范围，所以，我们透过门镜可以观察到室外更大范围的景物。

■ 门镜内部结构

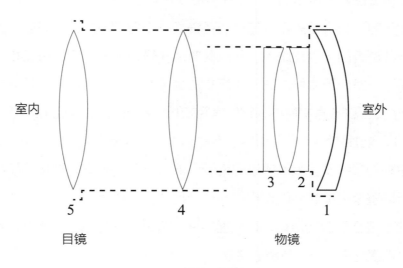

室内

室外

5 | 4 | 1

目镜 | 物镜

3 | 2

■ 门镜结构示意图

科学实验之趣：微距拍摄

动手实践

1. 实验器材

手机、水滴、树叶、滴管。

2. 实验步骤

（1）用滴管在手机镜头上滴上一滴水，然后小心地翻过来，让水滴悬挂在镜头上。

（2）分别用滴有水滴的手机镜头拍摄树叶、衣服，观察其成像情况。

（3）擦拭镜头上的水滴，观察手机镜头所拍的照片与之前有什么变化？

■ 实验器材

■ 实验装置

注意事项：

水滴尽量不要太大，防止由于重力滴落。

水滴的缺点是特别容易抖动，所以基本上是不能手持观察的，一定要平放在稳定的支撑物上。而支撑物的高度又要容易变化，这样才能调整到能对焦的位置。

3. 实验现象

通过对比可以看出，镜头上滴一滴水后，拍摄的照片可以清晰看到树叶的脉络图。

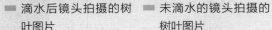

■ 滴水后镜头拍摄的树叶图片

■ 未滴水的镜头拍摄的树叶图片

4. 原理解释

镜头上滴上一滴水，这滴水如同放大镜，在照相机的基础上，可以将所拍树叶进行再次放大。

除此之外你能不能做一个凸透镜对光会聚的实验呢？

名人智慧之光：古人设计的鲫鱼杯

宋代《春渚纪闻》中有关于鲫鱼杯的记载："酌水满中，须臾一鱼泛然而起，以手取之，终无形体可拘""尽出余水，验之鱼不复见"。意思是当给酒杯倒上水后，可以在其中看到一只小鱼，而一旦将水倒出，酒杯中的鱼影也随即消失了。

如此奇妙的酒杯，是古代工匠巧妙利用光学原理制成的。其具体方法是，在杯底上加装一个凸透镜，即一片球面的水晶片或透明玻璃片，在镜底与杯底之间水平地夹置一页绘画，画面上描绘鱼、花卉、园林或蝴蝶等任意选定的图案。当空杯时，画片在焦点之外，图画的成像在人眼一侧为实像，人眼不易看清，结果就造成了杯底无物的幻觉。一旦将酒或其他饮料注入杯内，由液体形成了一个凹透镜，与原来的凸透镜形成一个复合透镜体，使焦距增大，鲫鱼在这个复合透镜体的焦点之内，这时人眼就看到杯底鲫鱼的放大虚像。

注酒前

注酒后

■ 鲫鱼杯

4

遥望太空——天文望远镜

■ 伽利略

人类自诞生以来，从未停止过对星空的探索与想象。但在望远镜发明之前，人们所能观测到的星空极为有限。由于视网膜分辨率的限制，肉眼的极限也只能看见天空中的六等星，而望远镜的发明，为人类探索星空翻开了崭新的一页。

伟人智慧之光：观测天象的前世今生

1609 年，意大利科学家伽利略制作了一架望远镜，并用它观测星空。

在我国，明崇祯年间，望远镜已走上朝堂。明代的日食预测多次出现问题，崇祯皇帝终于决定重新修改历法。我们可以从《明史·天文一》中看到这样的记载内容："若夫望远镜，亦名窥筒，其制虚管层叠相套，使可伸缩，两端俱用玻璃，随所视物之远近以为长短。不但

■伽利略向威尼斯总督展示如何使用望远镜

可以窥天象，且能摄数里外物如在目前，可以望敌施炮，有大用焉。"文中最后的"有大用焉"充分点明了明代望远镜的用途广泛。

崇祯末年，中国已有了自制望远镜的能力，望远镜自此在中国逐渐流传开来，富商、官员尽可有之。除了望远镜之外，我国古代创造的天文仪器多种多样，做工精巧。其中典型的仪器就是土圭，也叫圭表，它是用来度量日影长短的，它最初是从什么时候开始有的，已无从考证。此外，东汉张衡创造了世界上第一架利用水力作为动力的浑象，也就是浑天仪。元代的郭守敬先后创制和改进了10多种天文仪器，如简仪、高表、仰仪等。我国天文观测与研究的脚步从未停歇。

体验发现之路：伽利略望远镜的原理与结构

望远镜是一种利用透镜或反射镜以及其他光学器件观测遥远物体的光学仪器，能够放大远处物体的张角，使本来无法用肉眼看清或分辨的物体变得清晰可辨。

望远镜分为两种：伽利略型望远镜和开普勒型望远镜。

伽利略型望远镜由目镜与物镜组成。目镜是凹透镜，物镜是凸透镜。远处射来光线，经过物镜后，会聚在它的后焦点外离焦点很近的地方，形成一个倒立、缩小的实像。物镜的像作为目镜的物体，从目镜可看到远处的倒立虚像，由于增大了视角，故提高了分辨能力。

伽利略型望远镜的放大率等于物镜焦距与目镜焦距的比值。其优点是结构简单，镜筒短而能成正像，但它的视野比较小。两个放大倍数不高的伽利略型望远镜并列一起，中间用一个螺栓钮可以同时调节其清晰程度的装置，称为"观剧镜"，因携带方便，常用以观看表演等。伽利略发明的望远镜在人类认识自然的历史中占有重要地位。

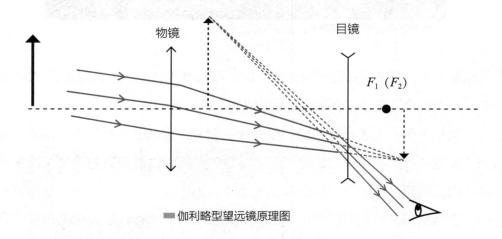

■ 伽利略型望远镜原理图

开普勒型望远镜由两个凸透镜组成，目镜、物镜均是凸透镜，可看到一个倒立放大的虚像。远处物体射来的光线，经过物镜，在物镜的焦点外（接近焦点）成缩小倒立的实像，这个像落在目镜的一倍焦距之内，透过目镜观察，物镜成的实像就会被放大。由此可见，物镜的作用相当于照相机，使被观察的物体成一个倒立、缩小的实像。目镜的作用相当于放大镜，把物镜成的实像，再一次放大成虚像。

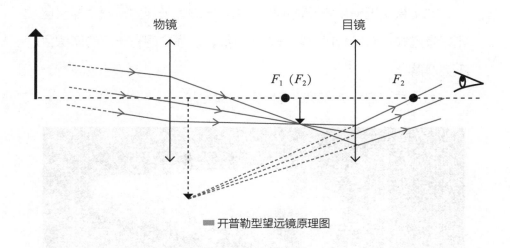

物镜　　目镜　　F_1 (F_2)　　F_2

■ 开普勒型望远镜原理图

科学实验之趣：自制望远镜

让我们一起自制一个简易望远镜吧！看看谁的望远镜看到的星空最远！

动手实践

1. 实验器材

粗细不同的空直筒两个、双面胶、剪刀、焦距不同的凸透镜两个。

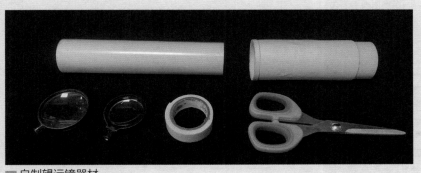

■ 自制望远镜器材

2. 实验步骤

（1）用双面胶分别将两个焦距不同的透镜固定在粗细不同的纸桶上。

（2）将小纸桶未安装透镜的一端，套进大纸桶内，两个桶尽量刚好套进去，若松垮可以塞进去一些纸，使桶之间有一定的摩擦且不会滑落。

（3）拉动细纸筒，观察远处物体成像情况。

■ 自制望远镜

3. 实验现象

通过自制望远镜可以清晰地看到远处的物体。

注意事项：

目镜尽量选择焦距较小的透镜。

黄伟芬的故事

　　黄伟芬是中国载人航天工程专家，现任中国载人航天工程航天员系统总设计师，中国航天员科研训练中心研究员，被称为"航天员女教头"。

　　中国载人航天事业发展之初，黄伟芬在缺乏现有体系，没有训练经验，国内外资料都有限的情况下，仅用三个月，就拿出了一份航天员训练总体方案设计，随后又完成了航天员训练大纲的编制。1999 年，黄伟芬带着不足 30 人的教练员队伍，开始了中国航天员培训研究的探索。

　　中国航天员队伍一次次出征太空，人们都记住了航天英雄杨利伟、聂海胜等的名字，却没有人记住黄伟芬等人的名字。她们甘当中国载人航天工程大海里的一朵浪花，功绩满身，却淹没在人海里，以平凡成就非凡，以无名造就有名，她们是托举英雄上天的人。

首次太空授课

神舟十号乘组：王亚平、聂海胜、张晓光
时间：2013 年 6 月 20 日

序号	项目名称
1	悬空打坐
2	太空弹簧演示实验
3	太空单摆演示实验
4	陀螺旋转实验
5	太空水球实验
6	问题答疑

中国空间站天宫课堂第一课

神舟十三号乘组：翟志刚、王亚平、叶光富

时间：2021 年 12 月 9 日

序号	项目名称
1	航天员在轨工作生活场景展示
2	太空细胞学研究实验展示
3	太空转身
4	浮力消失实验
5	水膜张力实验
6	水球光学实验
7	泡腾片实验
8	天地互动交流

中国空间站天宫课堂第二课

神舟十三号乘组：翟志刚、王亚平、叶光富

时间：2022 年 3 月 23 日

序号	项目名称
1	太空"冰雪"实验
2	液桥演示实验
3	水油分离实验
4	太空抛物实验
5	空间科学设施介绍与展示
6	天地互动环节

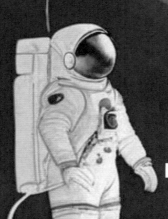

中国空间站天宫课堂第三课

神舟十四号乘组：陈冬、刘洋、蔡旭哲
时间：2022 年 10 月 12 日

序号	项目名称
1	问天实验舱介绍
2	毛细效应实验
3	水球变"懒"实验
4	太空趣味饮水
5	会调头的扳手
6	植物生长研究项目介绍
7	天地互动环节

中国空间站天宫课堂第四课

神舟十六号乘组：景海鹏、朱杨柱、桂海潮
时间：2023 年 9 月 21 日

序号	项目名称
1	梦天实验舱介绍
2	球形火焰实验
3	奇妙"乒乓球"实验
4	动量守恒实验
5	陀螺实验
6	天地互动环节

附录三　编辑及分工

书　名	加工内容	编辑审读			专家审读
向月球南极进军	统　稿：刘晓庆	陆彩云　徐家春　刘晓庆 李　婧　张　珑　彭喜英 赵蔚然			黄　洋
火星取样返回	统　稿：徐家春	徐家春　吴　烁　顾冰峰 张　珑　曹婧文　赵蔚然			王　聪
载人登陆火星	统　稿：徐家春	徐家春　李　婧　顾冰峰 张　珑　徐　凡　赵蔚然			贾　睿
探秘天宫课堂	统　稿：徐家春 插图设计：徐家春 　　　　　赵蔚然	徐家春　曹婧文　彭喜英 张　珑　赵蔚然			黄　洋
跟着羲和号去逐日	统　稿：徐家春 插图设计：徐家春 　　　　　赵蔚然	徐家春　许　波　刘晓庆 张　珑　曹婧文　赵蔚然			王　聪
恒星世界	统　稿：赵蔚然	徐家春　徐　凡　高　源 张　珑　彭喜英　赵蔚然			贾贵山
东有启明 ——中国古代天文学家	统　稿：徐家春 插图设计：赵蔚然 　　　　　徐家春	田　姝　徐家春　顾冰峰 张　珑　高　源　赵蔚然			李　亮
群星族谱 ——星表的历史	统　稿：徐家春	徐家春　曹婧文　彭喜英 张　珑　高　源　赵蔚然			李　良 李　亮
宇宙明珠 ——星系团	统　稿：徐家春	徐家春　彭喜英　曹婧文 张　珑　徐　凡　赵蔚然			李　良 贾贵山
跟着郭守敬望远镜 探索宇宙	统　稿：徐家春	徐家春　高　源　徐　凡 张　珑　许　波　赵蔚然			黄　洋
航天梦·中国梦 （挂图）	统　稿：赵蔚然 版式设计：赵蔚然	徐　凡　彭喜英　张　珑 高　源　赵蔚然			李　良 郑建川